愿世间温暖与你相拥

■ 卡娃微卡
著
KAWAWEIKA

百花洲文艺出版社
BAIHUAZHOU LITERATURE AND ART PRESS

图书在版编目(CIP)数据

愿世间温暖与你相拥 / 卡娃微卡著 . -- 南昌 : 百花洲文艺出版社 , 2020.1

ISBN 978-7-5500-3524-9

Ⅰ . ①愿… Ⅱ . ①卡… Ⅲ . ①人生哲学 - 通俗读物 Ⅳ . ① B821-49

中国版本图书馆 CIP数据核字(2019)第 264381号

愿世间温暖与你相拥

卡娃微卡　著

出品人	连　慧
策划编辑	王　萌
责任编辑	陈　园
装帧设计	仙境书品
出版发行	百花洲文艺出版社
社　址	南昌市红谷滩新区世贸路 898号博能中心一期 A座 20楼
邮　编	330038
经　销	全国新华书店
印　刷	河北照利印刷有限公司
开　本	880mm × 1230mm　1/32
印　张	8
版　次	2020年 1月第 1 版第 1次印刷
字　数	150千字
书　号	ISBN 978-7-5500-3524-9
定　价	39.80 元

赣版权登字：05-2019-347

邮购联系　0791-86895108

网　　址　http://www.bhzwy.com

目　录

茫茫人海，遇见了你

你若盛开，蝴蝶自来

做有用的人，过有趣的人生

在你的心上赏月

茫茫人海，遇见了你

什么叫作爱？

就是有那么一个人，什么都会替你着想。

什么叫作爱?

什么叫作爱?

看到一个人,觉得很喜欢,想要长久地在一起。

想和他牵手拥抱,想和他相拥入眠,想和他一起看山看水看世界,想和他一起从青丝变成白发,这就是爱。

什么叫作爱?

就是两个人在一起做好多好多的事情。

他说他想吃红绕肉了,你说我去买菜。你在厨房里忙得团团转,他走过来,问道:“老婆,要搭把手不?”

吃完饭,你摊了摊手:“今天我做饭,你洗碗。”他刮了刮你鼻子,说:“那我帮着切了菜。”然后你说:“这个不算,一起洗碗去。”

下班回家，他坐在沙发上看电视，你躺在他腿上玩手机。他低下头，给你一个吻，说：“老婆，我们睡觉去吧。”

周末的时候，两个人牵着手去公园散步。公园里的花儿开得很美，他让你站在树下，给你拍了张漂亮的照片。

偶尔两个人来次旅行，一起去看不一样的风景，吃之前从来没有尝试过的菜。你说，你想和他看很多很多地方的风景。他说，他生命里最美的风景是你。

什么叫作爱？

就是有那么一个人，把你当成生命中最重要的那个人。

他会把你的微信昵称改成亲爱的。你的微信消息，他总是秒回。手机解锁密码是你的生日。他的朋友圈里有很多你的照片。

什么叫作爱？

就是有那么一个人，什么都会替你着想。

知道他工作累，所以很少买昂贵的东西，处处精打细算，为他省钱；知道他工作忙，所以即使没有人陪伴，也不会去打扰；知道他上班很累，所以总是把委屈藏在心里，不告诉他，免得他难过伤心。

什么叫作爱？

就是有那么一个人，嘴上嫌弃，但心里却喜欢得不得了。

你吃饭的时候，他说你最近又长胖了，还吃那么多。可晚上睡觉的时候，还是会搂着你。你化妆的时候，他拿你取乐，叫你别弄了，因为在他心中，你好不好看都是他的老婆。

什么叫作爱？

就是有那么一个人，让你嘴上说着我再也不理他了，但还是会把饭做好。前一秒还在想这辈子我都不要和他过了，下一秒就会因为他的一句对不起而选择原谅。刚才还因为吵架抹眼泪，过了一会儿又能被他逗笑。

爱，就是虽然偶尔会吵架拌嘴，但心里还是想着要和对方走完这一生。爱，就是嘴上一直嫌弃对方，但心里还是觉得这辈子就他最好。

什么是爱？

爱就是简单的小日子。

两个人在一起久了，累了，倦了，都觉得对方不爱自己了。总觉得每天在微信上和自己聊天的人更爱自己，总觉得公司那个经常约自己吃饭的人挺好的。

但不是所有的亲密都叫爱。有些人找你只是因为寂寞，而不是爱你。不是所有的关心都叫作爱，有些人每天关心你，只是有目的地靠近你。

真正的爱，不是花天酒地，不是烛光晚餐，而是一家人在一起过粗茶淡饭的小日子，守住自己的小幸福。

什么是爱？

爱就是想念。想你想得半夜睡不着，酒喝得越多，就越是想你。

爱就是陪伴。想一直待在你身边，躺在你怀里，哪里也不去。

爱就是关心。想要你开心幸福，舍不得让你委屈流泪。

爱就是妒忌。看到你和别人暧昧就会吃醋，怕你被别人抢走。

如果有人爱着你，你一定要学会珍惜。

做妻子的要珍惜，那个对你好的男人。做丈夫的要珍惜，陪在你身边的那个女人，不要让她难过流泪。有些人一旦错过，就是永远。

如果没有人爱着你，你也不要太过绝望。

你要相信这世上一定有人悄悄爱着你，他在不远的未来等着你。终有一天，他会穿过人海，去拥抱你。

什么是爱?

就是等到牙齿脱落，两鬓斑白，你还陪我看夕阳。

就是吵吵闹闹一辈子还不够，下辈子还要和你在一起。

什么叫作爱？就是最简单朴实，却又最鲜明深刻的爱情。

找一个，惦记你的人

如果一个人总是喜欢有事没事就找你，把自己的事都跟你分享，你回一句他要回很多句，他的内心是想着你的。

如果一个人总是在你找他的时候才会有一句没一句地搭理你，回复的字眼总是很简短，那么你对他来说，一般是可有可无的。

如果一个人过了很久都不来找你，那他早就把你当成陌生人或者是不想交往的路人了，你再怎么惦记都是不必要的。

一个人对你好不好，值不值得交往，不是看你有多在乎他，而是看他对你有多主动。朋友如此，爱人更是如此。

有些人能惦记你一时，但这并不代表他会惦记你一世。只因一次吵架或一次不信任就淡忘你、远离你的人，是没有把你放在重要位置上的，他也不值得你去牵挂。

这样的人就像是你人生路上的过客，只想着路过你，没有想过留在你的身边。

什么是惦记你的人？那是担心你会饿着、会累着的人，是担心你会不高兴的人，担心你不把开心的事和他分享的人。

如果有那么一个人，不管你是默默无闻还是风风光光，不管你是有钱还是穷得身无分文，不管你是生他的气还是不信任他，他都不改变对你的态度，那他就是那个能陪你一辈子的人。

人活一世，最该珍惜的就是一个惦记你的人。

转头就离开的人，对你再好都没用！你怎么打他骂他，他始终记挂着你，这样的人不高不帅不富有又有什么关系？因为世界这么大，千亿人之中，就只有他在乎你的生活。

珍惜总是主动给你打电话、发消息的人，因为没有谁会整天向一个他不在乎的人唠叨。

珍惜在你心情不好时第一个发现并安慰你的人，因为不是所有人都会抽时间去陪你。

珍惜你身边那些傻傻地对你笑的人，因为他们才是真心待你，而那些有心计的人，早就在耍了你之后抛弃你了。

生命不长，愿我们都把时间花在值得的人身上！

找一个，在乎你的人

感情不是要找一个最好的人，而是要找一个最在乎你、对你最好的人。因为深爱你，所以包容你的坏脾气；因为在乎你，所以宁愿自己受委屈。

生活不易，请找一个在乎你的人共度余生。

在乎你的人，更懂你。

在乎你的人，知你冷热。你躺在沙发上打个喷嚏，他从卧室里拿出一张毯子盖在你的身上；你在厨房忙着做菜，他默默地把空调风调到对着厨房的位置；你穿着高跟鞋逛街，他拉你坐在椅子上为你揉脚。

他懂你每一个小动作背后的意思，不用明说，也不用暗示。他在乎你，你的一举一动都牵动着他的心。

在乎你的人，懂你的心酸，懂你的刀子嘴豆腐心，懂你坚强的外表下脆弱的内在，也懂你未能脱口而出的难言之隐。即使是你表达不完整的一句话，他也能够听懂你的话中之意。你和他，是情人，更是挚友。

在乎你的人，尊重你的喜好。或许他没有和你相同的兴趣，但是他一定不会对你喜欢的东西表示不屑。因为爱你的人在乎你的感受，他们不懂你的爱好乐趣何在，却懂你，明白这些东西对你来说意义重大。

找一个在乎你的人吧，和他相处不需要端着架子，不需要假笑，不需要装作很厉害的样子。因为他爱你，更懂你。

在乎你的人，不会伤害你。

无论身心，如果他真的在乎你，就不会去伤害你。

嘴上说着在乎你，手上做的却全部都是伤害你的事，这样的人，根本不是在乎你。

在乎你的人舍不得让你受委屈，看不得你流眼泪，不愿意让你不开心。他们恨不得把全世界最好的东西都送给你，又怎么可能舍得去伤害你？

如果你和他在相处的过程中，哭的多，笑的少；如果你在这段感情中，受到了伤害，感觉到痛苦；如果你和他在一起反而变成了一个更差的人，那他一定不在乎你。

如果你受的伤，都是他给的；你的眼泪，都是为他流的；你的委屈，都是替他受的；那么这个人根本不在乎你，也不值得你去珍惜。

找一个，在乎你的人。

在乎你的人，恨不得每时每刻都和你黏在一起；不在乎你的人，和你多待半秒钟都觉得浪费。

在乎你的人，总想给你最好的；不在乎你的人，总想要你最好的。

在乎你的人，想要送你东南西北都顺路；不在乎你的人，从来都没空。

找一个，在乎你的人吧。

他会在你哭泣的时候给你一个肩膀，在你无助的时候牵住你的手，在你遇到难关的时候为你排忧解难。

和一个在乎你的人在一起，你的人生会轻松很多，因为有人替你分担生活的重量；你的生活会快乐许多，因为有人了解你的心意，逗你开心；你的未来将不会再迷茫。

明天会是什么样子，你无从知晓，但是你唯一能够确定的是，无论路途是坎坷还是坦荡，总会有一个在乎你的人陪你走完剩下的旅途。

他让你动心，让你开心，让你安心。

在乎你的人，怎么赶都赶不走，不在乎你的人，再好也没用。

最好的感情，是舍不得打扰

古人说，君子之交淡如水。最好的交往，应该是云淡风轻的，不轻易去触碰，保持距离。

不管是友情还是爱情，都应该是这样，要小心，别不合时宜地去打扰他人。一次次去打扰，只会消耗感情。最好的感情，是舍不得去打扰。

不打扰，才能相处得舒服。

无论是朋友之间，还是爱侣之间，不轻易去打扰，都是让对方感觉最舒服的相处方式。

所谓的酒肉朋友，跟你日日厮混，夜夜笙歌，只不过是在一边消耗你的精力，一边阻碍你进步而已。好的友情，是他不想轻易去麻烦你，时时为你考虑，在做什么之前反复掂量。看看你朋友圈里的那些人，最好的朋友绝不是天天无事给你发语音，跟你讨红包的人。而是在你低落的时候及时关心你，在你开心的时候祝福你的人。

真爱一个人，就舍不得去打扰 TA，也不会妄图去控制 TA，而是不动声色，默默守护。有人说爱情是清晨轻轻的吻，而不是一早上喊你起来给他做饭买早点。在爱情里，不打扰是最好的温柔。再亲密的两个人，都需要有独属于各自的空间，保持适度的神秘感。太急于完全介入对方的世界，只会适得其反。

懂你的人，从来舍不得去打扰你，让你为难。当你需要 TA 的时候，TA 会默默站在你的身后，不说空话、风凉话；当你想要自己呼吸的时候，TA 也会在远处支持你，放手让你去追逐自己的梦想。这样才是舒服的相处模式，感情才能长久。

随便打扰别人，最低级。

同事芊芊跟我说了她最近的烦恼。她有个高中同学，前阵子失恋了。出于义气，芊芊放下手头的工作陪她去找渣男说理，给她撑腰。没想到，从此之后，这个同学似乎就赖上了芊芊。动不动要芊芊去陪她，跟她吃饭，陪她去逛街，听她诉说苦恼。芊芊不好拒绝，却感觉很累，有时候推辞，高中同学却以自己失恋了心情不好为由强行拉她出去。忍受同学无止境的打扰，芊芊快要崩溃了。

现实中有这样一群人，他们只知道考虑自己，却从不考虑别人愿不愿意。芊芊的友情随时处在崩溃的边缘，可悲的是，那个同学完全不知道自己已经给他人造成了困扰。这样的人，其实情商最低。

低级的人，忍受不了孤独，也不懂得换位思考。所以他们总是随便去打扰别人，还理直气壮。而这样的人，往往也难以处理好身边的各类关系：谈恋爱的时候，毫无自尊地贴着对方，惹人厌烦；交朋友的时候，毫无底线地麻烦对方，导致友情陷入僵局；等以后有了孩子，也处理不好亲子关系，可能会成为不断操控孩子的父母，最终影响孩子的前途。

好的感情，是相爱又不依赖的关系。

高质量的友情，一定要有分寸。有事常联系，无事不要随便去麻烦别人。友情里，也最好不要掺杂太多钱财和利益关系。朋友之间别随便开口借钱，也别要求太多，有的友情就是被太不懂分寸的人搞烂的。知己只要心意相通，就足够回味悠长。

高质量的爱情，一定不是纠缠不清，而是各自成长。太过依赖对方，不仅会让自己变得卑微，也会让对方感到越来越累。所以女人在婚姻里得有保持独处的能力，这是女人的退路，也是最高级的智慧。

想你，却不去打扰你；思念你，却不纠缠你。在一起，就细水长流；无缘，就轻轻放手，为你祝福。

舍不得打扰，才最深情。不打扰，才是一个人最高级的修养！

懂你的人，一生难求

懂一个人有多难？我不是无字天书，在你面前，我只是一张白纸。可是我说得再多，你也不会懂，正如我永远都无法叫醒一个装睡的人。懂你的人是心里有你的人，而心里没有你的人，再怎么明了他也不会懂。

心里没你的人，永远不会懂你。

人总说，在茫茫人海中，遇到那个懂我的人，很难。似乎是很难，那个懂我的人要和我性格相投，心灵相惜，话未说出口便能会心一笑，我哼着歌，他自然而然地接着哼出下一段。

懂我，很美好，但是不难。当我敞开心扉，把我的喜怒哀乐毫无保留地展现在你面前，你说，懂我有多难？

所有的悲伤，我都愿意向你倾诉；所有的误会，我都愿意解释给你听。你说，懂我有多难？

人，一旦动情，便可轻易被读懂。但最难的是，你敞开心扉，对方却大门紧闭。有时候沉默是最残忍的利器，没有争吵，没有误会，没有战火硝烟，没有摔门而去。

我把我的软弱、我的狼狈赤裸裸地展现给你，我泪流满面，换来的却是无尽的沉默。这时候，我知道你懂了，却并不想用心对我。

心里没有你的人，纵使你捧出一片真心，他也只是云淡风轻，视而不见；心里没有你的人，纵使你悲痛欲绝，他也只将你看作是自导自演的跳梁小丑；心里没有你的人，千言万语也没有用，因为他根本不想听你说一个字。

真正懂你的人，无须解释。

你渴了，会为你倒一杯温水，温度总是刚刚好。

你冷了，会为你盖好被子，也许你睡着了，自己都未察觉到。

你累了，会给你一个肩膀，也许不够厚实，但足够坚定。

你说不出口的，他却早已明白。

他会默默地支持你、关心你，让你能无所顾忌地向前走，受伤了回头还能有依靠。让你在这复杂的人世中大胆地活着，尝遍了人情冷暖、世态炎凉，还有一人能紧紧相拥。

因为真正懂你的人，会认真记住你喜欢的每一首歌，你爱吃的每一道菜，你习惯的每一种香味。真正懂你的人，会想尽办法地了解你，无微不至地关心你，竭尽全力地保护你。

也许他会像个学生一样，把你的喜好一条一条地记在本子上，也许你会嘲笑他的榆木脑袋，但是就是这样的努力与付出，日积月累，才有了最后水到渠成的心有灵犀。

你看到的所有美好的心有灵犀，背后都有一个“呆学生”的默默付出，这才是真正懂你的人。

世间之大，能够懂你的人很多，愿意懂你的人却很少。“愿”“意”“懂”，三个字中都有一个心字。确实，不过用心而已。

原来，我寻寻觅觅，要找的，不是懂我的人，而是对我用心的人。世界上最动情的事不是在茫茫人海中恰好遇到了那颗与你完全相契合的心，而是有一人愿将心慢慢磨合成与你相契合的样子。

用心待你的人，不会让你受一点委屈。他若有能力，必会保护你；若没有能力，也甘愿替你受委屈。用心待你的人，不会让你累，因为所有的累他都愿意自己扛。你说，你想要一个懂你的人，其实不过是想要一个用心待你的人。

所有的性格不合，都是不够用心的借口。每个人都是个性鲜明的个体，哪里有完全的性格相投？所有的性格相投都包含了愿意相互磨合。

所有的话不投机，都是不够用心的理由。每个人的人生轨迹不同，阅历不同，哪里有永远的相谈甚欢？不过是一个人愿意将就另一个人的话题罢了。

不要死死地拉住一个不想懂你的人不放，丢尽了尊严，也受尽了伤害。珍惜愿意去懂你的人，用一生去练就只属于你们的心有灵犀。

不要弄丢，一个对你好的人

这世上，谁的时间都很值钱；这世上，没有谁的好是平白无故的。珍惜愿意无怨无悔地对你好的人，一辈子能遇上一个这样的人，是一种福气。

一个对你好的人，知道你的好。人海茫茫，一生难得一个知心人。对你好的人，懂你好在哪里。别人眼里平淡无奇的你，在他眼里却独有风情。这种欣赏，这份懂得，就是礼物。

一个对你好的人，能包容你的不好。他总是默默地跟在你身后，希望分享你世界里的阳光，分担围绕在你身边的风雨。他知道你好在哪里，更明白人无完人。别人只强求你事事完美，他却懂你的缺点和软肋。真正爱你的人，即使看到了你的缺点，也依然愿意和你一起走下去。

一个对你好的人，是对你不求回报的人，也总是安安静静地接受你的冷漠和不理不睬。他会难过，也会感觉挫败，但是他仍然一心一意地对你好。对于你，他别无所求；对于你，他奉献全部真心。

一个对你好的人，是真心希望你的生活变得更好的人。世上人心难测，其实没几个人真正希望你过得好。对你好的人，总是无怨无悔地为你付出，一心一意地希望你幸福快乐。

一个对你好的人，是真正尊重爱护你的人。有些人的爱，自私又霸道，总是希望对方事事都能顺着自己的心意，忽视对方真正的感受。一个真正对你好的人，不会强你所难，也不会令你难堪。他懂得尊重你、呵护你，最愿意你凡事都选择幸福快乐的方式。

不要弄丢一个对自己好的人，因为这世上真心已经太少。若你也喜欢他，不要恃宠而骄，要学会珍惜。若你不喜欢他，也要礼貌相待，安静地说出自己的心意；不要随意冷落，也不要仗着别人的喜欢，对其召之即来，挥之即去。

一个对你好的人，会想要努力让你开心，满足你的一切要求。但一个人被忽冷忽热地对待太多次，终究会怀疑自己。若你只在需要帮忙的时候才想起他，他也会慢慢明白你不是真的爱他……

一颗心被伤了太多次，就会慢慢变得麻木；一个人被冷落太多次，就会渐渐想要离开。不要等到失去才学会珍惜，不要弄丢，一个对你好的人！

最好的感情，是久处不厌

这一生，身边的人来了又走，留到最后的总是不多。

曾经也会惋惜难过，可后来才明白，原来人与人之间从不需要刻意勉强，在漫长的岁月中，能久处不厌的才是最好的感情。

久处不厌，是三观相合。

人生分分合合本无常，能走到一起是缘分，但能长久地相处下来才是真正的难得。

生命中我们会碰到许多人，初见时相谈甚欢，颇有种相见恨晚的架势。可一天天相处下来，却发现两个人根本合不来，你想往东他却想往西，你认为对的事他却觉得是错的，越来越说不到一起。

和这样的人在一起，不管刚开始关系有多密切，总有一天会因为相处太累而慢慢疏远。

而那些能长久留在我们身边的人，你喜欢的他也都欢喜，你想做的事也正中他下怀，一切并非刻意，就是这么自然而然、默契十足。

和这样的人在一起，就像品一杯好茶，越到后面越觉得唇齿留香，身心舒畅，不管多少年过去，都不会对彼此感到厌烦，相处起来依旧十分舒服自在。

久处不厌，与金钱、能力、容貌无关，重要的是三观相合。

久处不厌，是步调一致。

爱情也好，友情也罢，能走到最后的都是步调一致的人。步调一致，才不会走散。

生活中总有一些老友好像莫名其妙地就渐渐淡出了我们的圈子，曾经无话不谈的人，现在却变得找不到话说。

不是不想说，而是两个人步调不一致。你的世界他没见过，理解起来很累；他的世界你又不想停下来再看一遍，很无聊。到最后，两个人只能渐行渐远。

而那些能够久处不厌的人，不一定走得多快，也不一定有多与众不同的见地和谈吐，但一定是与你步调差不多的人。你步子慢，他也不快；你走得快一些，他也赶得上，总之不会离你太远。

你看过的风景他也都见过，他经历的世界你也都懂，几十年的风风雨雨并肩前行，相处起来一点都不费力。

久处不厌，与步调的快慢无关，重要的是能和身边的人节奏一致。

久处不厌，是爱和包容。

有人说，喜欢是乍见之欢，爱是久处不厌。可乍见之欢易得，久处不厌难寻。

久处不厌，并不是在日复一日的相处中从来没有半点摩擦和倦怠。漫长的人生路上，即便是再投机的两个人，也会有意见不合的时候。只是有些人，因为一点小事或情绪就离开了我们。

久处不厌的人，则因为爱选择了包容和改变，即使心里积攒着许多委屈，却还是坚持了下来，陪着我们一直走到了最后。对他来说，所有的一切，都比不上失去我们来得痛苦。

离开总是有千百种理由，留下的理由却始终只有一个，那就是爱。

久处不厌的，都是那些一直爱着我们、包容着我们的人，是值得我们用一生去珍惜和回报的人。

愿你此生能早点遇见久处不厌的人，任年华匆匆，却一如初见！

这辈子，找个合适的人有多难?

常常有人问我 :“你还相信爱情吗？”

我还相信爱情吗？我的这个年纪，谈爱已老，谈死还早。

年轻时候，我遇到过令自己心动的人，但是年轻的我没有勇气去追求，就这样和心爱的人擦肩而过。

后来，我结婚了。婚后是日复一日的柴米油盐，激情早已退去，剩下的是夫妻扶持着生活的恩情。我还相信爱情吗？我获得过爱情吗？

这辈子，找个合适的人有多难？

你有你的风采，你也有你的伤疤。找个合适的人过日子，这个人不应只是倾倒在你的风采下，更应该疼惜你的伤疤。我们常常坚强地独自上路，一路咬牙苦撑，也希望有个人能看穿这坚强的伪装，在风雨时分温暖知心地递上一把雨伞。

合适不一定非要门当户对，却一定要惺惺相惜。最好两个人要有共同的价值观和兴趣爱好，这样话才能说到一起去，力才能往一处使。如果你爱经营温馨的家，他却只爱在外面和朋友热闹，两个人终究是要有矛盾的。

我们常说，每个人都是一片独特的叶子，有属于自己的脉络。别人只看到你普普通通并没什么特别，他却能在人群中一眼认出你，知道你的善良体贴，知道你的宽容厚道，知道你并不是一个普通人，知道你有自己独特的好。

一个人久了，慢慢的对小年轻那些早安晚安的问候，也没了什么期待。找个人过日子，是希望他踏踏实实地懂你，热热乎乎地好好过日子。好听的话谁都会说，知冷知热的真情却是在细水长流的日子中表现出来的。

找个合适的人过日子，难吗？应该很难吧，我们有多少人是在委屈着自己，经营着一段并不幸福的婚姻。日子过到后头，是为孩子，为家庭，为父母，却独独不是为了自己的快乐和自由。

想找个合适的人过日子，也请你打开自己的心。不要担心自己不值得最好的一切，不要总为年龄患得患失。没有人愁嫁不出去，只有人愁幸福不了。结婚是为了之后更幸福漫长的下半辈子，不是为了一时间完成一个任务给别人看。请你清醒对待，认真挑选。不是你不够好，是你还没遇上真正对的人。

日子过一天就应该是一天，而不是过一天算一天。你喜欢的日子，才真正叫作日子。一生太短，一定要找到一个懂你的人，携手红尘，同看花开花落。

这辈子，愿我们都能找到那个合适的人，有自己热热乎乎的好日子。不用羡慕别人家财万贯，不用羡慕别人穿金戴银，因为你有最好的眼前人。

最舒服的感情，是你我始终有话说

无论是谈恋爱还是结婚过日子，最看重的就是两人相处时的那种舒服感，而这种舒服感向来又是建立在彼此间是否有共同语言的基础之上。一般而言，假如你们在相伴的过程中，自始至终都有许多话说，并且还能相聊甚欢，这就是最舒服的相处之道，最和谐的一种生活状态。

最舒服的感情，从来不怕没话说。

在一段舒服的感情中，两人从来不用担心有一天无话可说，因为不管你想说什么，对方都能接话，跟你互动。试想下，如果你和一个相处不舒服的人待一起，是不是连话都懒得跟他说？

小米和小雷是大学同学，大二那年，他们确定了情侣关系。恋爱期间，两人都很谈得来，并且感情也十分稳固，所以，一毕业他俩便在征得双方父母同意后领了结婚证。婚后，小米在城里的一所中学当英语老师，小雷则进了一家保险公司做销售员。

由于两人从事的职业差别较大，上下班时间不一致，所以每天也就只有都下班回到家，才有时间好好相处，好好聊天。结婚这么多年以来，他们几乎天天都有说不完的话，聊天的内容有世界各地的新闻报道，有社会上的各种动态，有娱乐圈的各种八卦，有工作上的各种琐事，也有生活方面的各种小事。通常都是其中一个人津津有味地谈论着某件事，另一个人就边听边补充些自己的观点，反正不会出现冷场或无人接话的场面。

小米说自己在未认识小雷之前，性格比较内向，不太爱和人说话。可是自从跟小雷在一起后，她被他彻底带“坏”了，不知不觉间就变得特别爱说话，还常说些有的没的，都是些很无聊的话。不过不管她说的话再怎么无聊，小雷都乐此不疲地听着，积极地给予回应。

此外，小雷也是个十足的话篓子。有时，他加班很晚回到家，如果小米还没睡着，他躺下就会拉着小米跟她唠叨会，常常是两人聊着聊着就睡过去了。每晚睡觉前，能和枕边人畅聊一番，并在聊天中迎接阵阵睡意，也是一件非常安心和幸福的事吧。

一直有话聊，感情才能更长久。

想想，有多少人在婚前总有聊不完的话题，说不完的故事，可婚后渐渐地就再也没什么可说的了。其实，两人在一起只要有话说就行，说什么根本不重要，重要的是有没有人在听你说。毕竟，即使你说的内容再重要，如果对方没兴趣听或不想听，你也就再也没有张口的欲望了。

不过，一个真正爱你的人，哪怕你说的东西他都知晓，他也会静静地听你说完，然后跟你一起讨论；哪怕你说的东西他闻所未闻，他也会本着好奇之心听下去，然后向你讨教一番。因为爱你，所以他在乎你的一言一行；因为爱你，所以和你有关的事他都很上心；也因为爱你，他舍不得让你自言自语，只想陪你一起唠叨个够，直到你满意为止。

我们跟人处久了，有时最怕的就是突然没话说，剩下的只有尴尬和冷场。夫妻之间也是如此，一旦两人都没了闲谈的时间和心情，这段感情也就充满危机了，随时都有分崩离析的可能。

最好的感情，是不说话也觉得美好。

也许有人会问，两个人在一起生活，怎么样才算相处融洽，相处舒服？我会说，只要你们始终有话说，这就是最舒服的相处模式。但是，偶尔你们都感到心累体乏时，两人在一起就可以什么也不说，只是静静地陪伴在彼此身边，听听彼此均匀的呼吸声，看看彼此熟悉的脸庞，感受岁月静好，时光流淌，这也称得上是最美好、最舒服的感情。因为有种佳境，叫作此时无声胜有声。

所以，希望你们每个人都能找到属于自己的聆听者，找到随时随地都想跟 TA 说话的那个人。更愿你们这辈子都有聊不完的天，说不完的事，打不完的趣。

余生，和珍惜你的人在一起

决定一个人的幸福，往往不是“你是谁”，而是“你遇到了谁”。

你再单纯，遇到城府深的人，你就会是有心机的人；你再善良，遇到心眼坏的人，你就会是爱矫情的人；你付出再多，遇到一个不会珍惜你的人，你就会是一文不值的人。

很多时候，并不是你不够好，而是你遇错了人。再好的人，也要有人懂得，才有意义。再多的努力，也要有人珍惜，才有价值。

以前，总想着用自己的好去打动别人，用更多的爱去感动别人。把自己弄得筋疲力尽、疲惫不堪，这才意识到，人生在世，有些事情不是一厢情愿就能做到的。

不爱你的人，你感动不了，不珍惜你的人，没必要再和他纠缠。

一个人的温暖是有限的，花在不懂得珍惜的人身上，便成了浪费。一个人的美好是难能可贵的，一定要用在值得的人身上，才算是不辜负自己。

珍惜你的人，不会让你的付出白费。你为他做的，他会记在心里，在合适的时机，他还会用同样的好来回报你。而不会珍惜的人，就像一个无底洞，怎么填也填不满。你做再多，他也认为是理所当然，你再辛苦，也得不到他同等的回应。

珍惜你的人，不会伤害你的感情。对他来说，你是很重要的，他会在意你的心情，体贴你的感受。伤你的事情，他不会做，无意间惹怒了你，他会赶紧认错然后哄你。

和他在一起，你的笑容永远要比眼泪多得多。

人只活这一辈子，没有必要为谁作践自己。有谁不想被人捧在手心里？何必拿自己的热脸去贴别人那颗冰凉的心，害惨了自己，也得不到半点怜惜。

愿我们都能早点明白，一个人费劲支撑的感情，注定走不长远，暖了千百遍也暖不熟的心，就放下吧。

余生，就和珍惜你的人在一起！你在乎我，我也在乎你。

彼此珍惜，彼此温暖，便是最好的余生。

有种幸福，叫有人陪你说话

我们都是肉体凡胎，怀着一颗温热的心来到这世上，无非想找到那么一个人，能知冷知热、贴心贴肺。

有种幸福，是有人能陪你说话。

有个人可以聊聊天，一辈子好像也没那么难熬，一个人也就没那么寂寞了。

有个陪你说话的人在身边，在你百无聊赖的时候，能够陪你解闷；在你慌张无措的时候，能够让你心安；在你一肚子苦水的时候，能够让你发泄；在你悲伤难过的时候，让你不觉得孤独。

年龄越来越大，经历越来越多，人人都变得成熟了，但能够放心说出来的话、可以聊得来的人也就越来越少。

走过半生，认识的人有很多，通讯录里的人也有很多，但是认真地想一想，真正能让你放心打扰、畅所欲言的人其实没几个。

那个愿意陪你说话的人，才是爱你的。

无论是大事小事，他都愿意和你沟通交流。即使只是在一起说些废话，也心甘情愿地把时间花在你的身上。所谓感情，无非就是喜欢和你在一起消磨时间。

那个能够陪你说说话的人，才是懂你的。

和懂你的人在一起，一句顶一万句；与不投机的人在一起，半句话都嫌多。愿意倾听你的气话、废话，能够接收到你的言下之意、弦外之音，这样的人，才是你真正的爱人、知己。

人活一世，一定要有个能陪你说话的人。

把话说出来，也许事情并不会有什么转变，心却定了，人也轻松了。其实有时候我们需要的并不多，只要有个人能明白自己，就会觉得好过很多。

有个人陪你说说话，你就是幸福的。

珍惜身边那个愿意陪你说话的人，他一定把你放在了心上。

珍惜身边那个愿意陪你聊天的人，舍得陪你消磨时间，比任何甜言蜜语都要重要。

珍惜那个总是能和你聊到一起去的人，这辈子，能遇到一两个同好知己该有多么难得。

愿我们都有人陪伴畅谈，一路走来，不再孤单。

余生，和让你笑的人在一起

世上的人千千万万，而总是能让你笑的人，没有几个。有的人生来呆板无趣，有的人有趣却是对着别人。

那个既有趣又愿意对着你使的人，爱你最深。

那个能让你笑的人，才是对的人。

能让你笑的人，最在乎你。两个人若是在一起，总是眼泪比笑容多，那个人的心里一定不在乎你。

所谓在乎，就是不舍得伤害，更想要疼爱。

能让你笑的人，一定是了解你的人。

他知道你喜欢什么、讨厌什么，懂得揣摩你的心思，留心你的感受，而且总是把握得很准确，恰到好处地迎合你的喜好和心情。

能让你笑的人，一定是在乎你的人。其实一个人娱乐自己就够了，之所以会费心费力地来逗你开心，正是因为在乎你、疼惜你。

还有什么比能让你笑更重要的呢？笑得出来，感情才有未来，日子才有奔头。

能让你笑的人，最值得交往。

让你笑的人才值得交往，有趣的人生才值得去过。

一个人能让你笑的人，也许不是你身边最有钱、最有势、最有学问的人，却是你身边最可贵的人。因为这世上能够笑着面对生活的人，都是些聪明人。

这样的人，一般很有趣，三言两语就能把气氛点燃；这样的人，生活质量很高，善于在平淡的生活中寻找闪光点。

人与人的生活质量是互相影响的。和让你笑的人在一起，人生也会变得有趣得多。

人与人的生活态度也是可以互相传染的。和让你笑的人在一起，你也会变得更加乐观积极。

能让你笑，是一种缘分，是一种心意，也是一种本事。

世上好看的皮囊很多，有趣的灵魂太少。而那个既有趣又愿意把这份有趣用在你身上的人，遇上了一定要好好珍惜。

那个能让你笑的人，才是你等着的那个对的人，他会是你快乐和幸福的源泉。

余生，就和他一起走，一起笑。

生命宝贵，不如快乐地去过。生活平淡，也该笑着面对。

相处不累的人，才值得交往

只有不累的感情，才能经得起生活的考验，走得更远。有句话说："和不一样的人在一起，就会有不一样的生活状态。"时间可贵，要想活出好的状态，就要与相处不累的人交往。

相处不累的人，特别懂你。

我不说，你不懂，这便是距离。然而和相处不累的人在一起，你微小的情绪起伏他都能感受到。

在他面前，你开心时，无须遮掩你的喜悦，他不会嫉妒你的好运，而是陪你一起快乐；你失意落魄时，也不必佯装坚强，他不会暗地里取笑你无能，而是会以旁观者的角度给你指点迷津，帮助你早日走出困境。

和相处不累的人在一起，没有莫名的看不顺眼，没有勾心斗角的算计，也没有任何紧张局促之感，能够做最舒服最放松的自己。

相处不累的人，比较会说话。

口能吐玫瑰，也能吐蒺藜。和相处不累的人交谈，就好像喝着茶，听着小曲，静看花开花落一样。

他赞美你时，不会过分夸张，让你都觉得很假，而是实事求是；他批评你时，不会讽刺打击，让你觉得自己一无是处，而是诚恳地指出你的错误。两人意见不一致时，他不会与你大吵大闹，非要让你接受他的意见，而是用温和的言语让彼此心平气和地讨论问题。

良言一句三冬暖，恶语伤人六月寒。人生在世，能够和说话让人舒服的人聊天，也是一种难得的幸福。

相处不累的人，很少麻烦你。

我们感觉活得累，除了自身的生活压力外，还有很大一部分来源于那些总喜欢麻烦你的人。你手头宽裕，就三番五次地找你借钱，却绝口不提还钱的事，你若拒绝，他反而会说你小气。你的人脉广，就让你找朋友给他帮忙，让你欠下一堆人情债。

相处不累的人，不会总麻烦你，也不会让你为难。因为他明白每个人都有自己的生活，有自己的难处，帮忙是情分，不帮忙是本分，更不会拿出“不过举手之劳”这样的说辞，对你进行道德绑架。

时间越来越宝贵，能够尊重你、懂你的人并不多，舍不得麻烦你的人更少，所以你只需要把自己的时间留给那些相处不累的人。

只有不累的感情，才能经得起生活的考验，走得更长远。

两个人在一起，最基本是什么？

俗话说，百年修得同船渡，千年修得共枕眠，两个人能在红尘中相遇相知实在不容易。有人说，世间最美好的三个字不是“我爱你”，而是“在一起”。因为“我爱你”可以只是一个誓言，“在一起”却是一种行动，爱你容易，相守很难。那么两个人在一起，最基本的需要是什么？

没有物质的爱情，没有结果。

电影里有一句话：“没有物质的爱情就像一盘散沙，都不用风吹，走两步就散了。”话虽然残酷，却十分真实。

两个人在一起，如果像琼瑶剧一样每天只有恋爱，爱得难分难舍，茶不思饭不想，那不是爱情，那只是过家家而已。在这个现实的世界里，虽然说钱不是万能的，可是贫贱夫妻百事哀。如果两个人在一起连吃穿都成问题，那还谈什么爱情。

这不是说非要有钱两个人才能在一起，只是你们要有足够的爱，成为彼此的动力，你为我坚强，我为你奋斗，这样的感情才更加牢固。

观念不对等的婚姻，无法继续。

有一对夫妇，夫妻收入相当，老公比较稳重，花钱谨慎；老婆比较外向，花钱大方。老婆嫌弃老公太小气，不懂得疼爱自己；老公嫌弃老婆不够勤俭，容易败家。老公要求老婆与自己父母同住，钱交给老人管；而老婆觉得年轻人应该有自己的生活，跟老人同住，观念和生活方式都不一样，免不了矛盾重重，还被限制了自由。这时老公觉得老婆这样的想法就是不孝顺，爸妈把自己拉扯大不容易，不能弃之不管。两人为此争吵无数次，终究还是分开了。

无所谓谁对谁错，只不过想问题和看问题的角度不一样，两个人观念差太远了，无法磨合，不能为了家庭并肩作战，一起努力。观念上无法磨合的两个人，就像两把相对而置的枪，随时处在争吵的边缘，一不小心就会开火伤到对方，便很难再继续走下去了。

没有宽容和了解的家庭，难以维持。

一段美好的婚姻，需要双方共同去经营，相互体谅。人非圣贤，孰能无过。正确地看待对方身上的缺点和错误，积极沟通，既不吹毛求疵，也不毫无原则地纵容。

袁咏仪和张智霖在一起的时候，并不被外界看好。然而他们走到今天，靠着宽容和理解，过得比任何人都幸福。袁咏仪是个大嗓门，脾气暴躁，张智霖就迁就她，吵架的时候总是主动认错。他说：“每次吵架我都会想到我失去她会怎样，所以我很珍惜。我宁愿主动认错主动和好，因为我珍惜有她在的每一天。男人嘛，认错没什么，最怕失去了来不及后悔。”

谁都有自己的脾气，如果只是一味地纠结对方的缺点，一段感情就很容易失去，难以维持。

没有忠诚的感情，无法长久。

人生来就有欲望，但是欲望不是你背叛家庭的借口。被欲望所左右的人，何谈去掌控自己的人生，争取自己的幸福？两个人走到一起，如果出现第三者，如果在欲望面前不悬崖勒马，最终伤害的，都是曾经最亲最爱的人。

夫妻是最深厚的缘分，自结婚起，两人便结成了命运共同体，彼此牵挂着对方的一切。当柴米油盐冲淡了当初的绵绵情意，坚守和陪伴才是最长情的告白，没有什么能比得了愿意一直陪伴在你身旁的那个人。婚姻总是在磕磕绊绊中成长的，有欢笑也有泪水。

两个人在一起，要看一些现实，也不要丢失浪漫的幻想；要精神上的门当户对，不要因为寂寞去将就妥协；要互相宽容和理解，不要争一时之气逞威风；要一生一世一双人，不要轻易放弃，后悔一生。

一个女人最好的嫁妆就是一颗体贴温暖的心，一个男人最好的聘礼就是一生的迁就与疼爱。

最好的关系，是相处不累

活了大半辈子，不想再和别人争来斗去，也不想活在别人的眼光里了。

这才发现，人和人最好的关系，就是相处不累。不用伪装、不必勉强，更不用勾心斗角，可以按自己的心情去畅快地过活。

相处不累，就是不用算计。

和相处不累的人在一起，不必说句话都要思前想后，总担心对方话里有话；做每件事都要战战兢兢，生怕被人坑了一把。

人和人之间，算计来算计去，活得真是太累了。你坑我一把，我阴你一回，既伤了自己的神，也染黑了自己的心，谁都算不上赢家。

和相处不累的人在一起，日子过得最轻松。即使再有城府，也不会用在彼此的身上。两个人在一起，没有那么多勾心斗角的算计，也就没有了瞻前顾后的担忧。

保持心灵的干净，也保持自己的善良，才是最美好的相处模式。

相处不累，就是不必假装。

和相处不累的人在一起，高兴了就笑，难过了就哭，不开心了就发脾气，不需要遮遮掩掩，更不需要畏首畏尾。因为他知道你的性格，了解你的为人，会分享你的喜悦、分担你的悲伤、容忍你的脾气。

一个人活在世上，常常把面子看得很重，习惯了在人前保持风光，也习惯了在人前独立坚强，戴着面具，活得很累。真实的那个自己，很少有人能看得到。

和这样的人在一起，终于可以不用活在他人的眼光里。可能没有外人看来那么好、那么强，但却是不轻易被人发现的那个真正的自己。

不必勉强，不必假装，不必逞强，放下了“面子”，才是最美好的相处模式。

最好的关系，是相处不累。

人生百年，转眼间，大半辈子就这么过去了。

回想起来，真是花了太多的时间和精力去和那些不值得的人应酬、算计，既浪费自己的大好年华，又把自己搞得很累。

这辈子，说短也不短，说长也不长。生命可贵，为什么要活得这么疲惫？活得开心舒坦最重要！

最好的关系，是相处不累。那个可以让你卸下伪装、忘掉心机的人，才值得你相处一生。

余生，只想和相处舒服的人在一起

人与人相处，舒服最重要。过多的要求，过多的依赖或者过多的麻烦，时间久了都会让人生厌。

最好的感觉，莫过于两人之间，无论隔了多久再见面都不会感到生疏，就算不说话，也不会觉得尴尬。

圈子不同，不必强融。

物以类聚，人以群分。三观不同，就不要勉强自己改变，不适合自己的圈子，就不要强求。

和人交朋友，讲究眼缘。做人，要随缘。不是你的圈子，你却偏要削尖脑袋钻进去，似懂非懂地参与他们的话题，累得不行不说，别人也不会真的把你当回事。

因为在他们眼里，无论你怎么努力，都是外人。

他们喜欢爬山攀岩，你却更乐意窝在自家院子里晒太阳；

他们喜欢星辰大海的壮阔，你却偏爱小桥流水的婉约；

他们认为轰轰烈烈才是人生，你却觉得安安稳稳才是生活。

三观不同，没有谁对谁错，可你明明喜欢晒太阳，却偏要强迫自己去攀岩，最后只能落得个画虎不成反类犬的结果。

到了年纪，很多事情就看开了。人生在世，钱财名利都是虚的，说到底，最重要的就是让自己活出幸福感，活得舒服，活得自在。

相处舒服，其实很简单。

人给人带来的喜悦和温暖，很多时候和物质没有多大关系。一个灿烂的微笑，一句体贴的话，一个小动作，一个特别的称呼，都能够让身边的人感到贴心和舒适。

人和人交往，就一个字：诚。凡事少一点套路，多一点真诚；少一点弯弯绕绕，多一点有话直说；少一点虚伪，多一点善意。

相处舒服，就是不要用力过猛。绞尽脑汁地找话题，反而让人觉得更加尴尬；费尽心机地想和别人打好关系，反而让人感到不适。

相处舒服，真的不难。做最真实、最自然的自己，与人交往带上宽容和善意，不卑不亢，自己过得顺心，别人也觉得舒服。

和相处舒服的人在一起，是最大的幸福。

乍见之欢，不如久处不厌。激情总有退却的时候，人生要走的路还那么长，找一个相处舒服的人在一起，才是最大的幸福。

两个人在一起，你看你的报纸，我翻我的杂志。厨房里煮着红豆汤，咕噜咕噜地响，时钟挂在墙上，滴滴答答地走着，安静又祥和。

忙的时候互不打扰，闲下来便一起窝在沙发上，盖上毯子，看一部老电影，晚上相拥着入睡。

这样的日子，舒服又安逸。

和相处舒服的人在一起，不需要想太多，因为你们之间没有勾心斗角，没有那些见不得人的小心思。

和相处舒服的人在一起，永远不会厌倦，因为你们之间有着相似的想法、共同的爱好和非同一般的默契。

和相处舒服的人在一起，内心是轻松的，因为你不用一味地忍受旁人的刻薄、小气，不用碍于面子而对别人的过错视而不见。

人和人相处，舒服最重要。不求他多么有趣，能够为你的人生增添多大的光彩，只求和他在一起的每一分每一秒，都能让你感到舒服，让你无处安放的心有个归处。

有一种温暖，叫有人想你

想念，是一种什么样的感觉？有人说想念是丝丝缕缕的，因为千愁百绪，永远理不清。想念，是苦涩的，但如果有个人一直牵挂着你，却是一件美好的事。

从热情到淡漠，不过两个普通的词的区别，但却是一段关系的终结。

这世上什么最冷漠？不是陌生人的眼神，也不是陌生城市的灯火，而是原本熟悉的你我，再也不相往来。

有一种冷漠，叫不再联系；有一种关系，叫相识一场。

所谓的冷漠并不是杳无音信，而是我说一句话，你要很久才能回复。所谓的不再联系，并不是撕破脸，而是在我需要你的时候，再也不好意思打扰你。

人来人往，有不少人随着时间的流逝，都不再联系。

有些老同学，曾经一起上课放学，一起趴在桌上幻想未来，可一朝分别，再见面都是两鬓斑白或是已经悄然离世；

有些朋友，曾经无话不谈，甚至可以为了彼此两肋插刀，最后却记不得是因为什么事，彼此沉默，距离变远，沟通变少，从挚友变成路人；

有些喜欢的人，亲吻拥抱过很多次，许下了浪漫的誓言，可即便如此，也抵不过分离的考验，不再依赖，徒留想念。

什么叫不再联系？你打的电话，他总是接不到；你发的微信，他要很久才回一个字；你想和他见面，他总有借口拒绝。

他不是忙，只是不想理你。感情淡了，即使两个人擦肩而过，都会相对无言。再好的朋友，不愿联系也会淡，再深的感情，不肯珍惜也会断。

有一种人，永远不值得你去付出，那就是不再联系你的人。因为距离，因为时间，因为任何小事而不想联系你的人，也不值得你去主动。

有一种温暖，叫有人想你。

有一种朋友，他不会每天找你聊天，但你随时找他，他都懂你的意思，能和你聊一整天；有一种陪伴，他不和你在同一个城市，但你需要帮忙的时候，他很快能出现在你面前。

交一个普通朋友、谈一场恋爱很容易，但交一个几十年还在联系你的朋友，找一个几十年还在爱你疼你的人，实在太难！

有很多人，你与他交心，他却仍然无动于衷；还有一些人，你付出再多，他也对你视若草芥。你永远叫不醒一个装睡的人，也永远感动不了一个对你不重视甚至是麻木的人。

珍惜那个愿意回复你、联系你的人，一辈子可能就那么几个；珍惜那个一直牵挂你的人，因为错过就再也不会遇见了；珍惜那个想你的人，因为想念终究是一件孤独的事，没有人本该为你承受孤独。

找一个能随时陪你聊天的人

昨晚深夜看到微信里有一条朋友圈：“在我不开心、感觉孤单的时候，幸好你一直都在，爱你。”看了之后觉得心里泛着一点酸酸的甜。

作家苏岑说：“世上最奢侈的人，是肯花时间陪你的人。谁的时间都有价值，把时间分给你，就等于把自己的世界分给了你。”

一个人的身边，有这样一个能随时和你聊天，能在开心难过时陪你的人，真的很幸运。这让我想起了芸芸和朋友聪子的故事。

芸芸在一个陌生的城市待了几年，有了事业，她说有时候觉得很累。有一次和公司里的上司发生了矛盾，生活上一堆杂事闹心，偏偏又凑巧碰上了节假日。

在楼上看着下面红色的车流和万家灯火，加上工作生活的不如意，突然觉得独处异乡的自己很孤单，很难过，想找个人聊聊天说说话。

她说："翻开通讯录，看着一串的联系人，突然就觉得找不到合适的人，怕贸然打扰了别人。"

最后还是厚着脸皮给几个朋友发了微信，结果大家都说：

"节日快乐！"

"看电影，约会。回头聊。"

只有聪子回复了，而且还给她打了电话。

芸芸心里觉得特别感动。那天晚上他们无话不谈，聊了很久很久，但聪子从没有不耐烦。

最后道晚安后，聪子说："你开心或不开心，都可以找我，我一直都在线的。"

后来芸芸每次给他发消息、打电话，聪子都能秒回。我想没有人能时时刻刻在线，能二十四小时在线的是因为上心吧。最后他们成为了情侣，过得也很幸福。

每个人都有自己的生活和安排，能空出自己的时间和精力去陪另外一个人，把自己融入到你的世界里，这是爱也是幸运，因为这个人的心里对你有着默默的关怀。

你有没有发现，生活里有那么多的无奈，太过于现实，甚至有些讽刺。

通讯录里有着百来人的号码，似乎交友甚广人缘很好，到头来能打个电话倾诉心情的人却寥寥无几。

微信列表里好友亲人一大堆，想找人聊天的时候，自己却总有几分顾忌，想想便停下了发消息的手。

其实，不是我们变了，而是因为我们读懂了生活。

每个人都有自己的家庭和事业，不再那么无忧无虑，不再是打个电话就可以叫出来喝酒、轧马路、笑着发疯的少年。

成年人的世界总有太多的牵绊，需要我们肩负更多的责任，更加有担当，所以找一个随时随地能陪你聊天的人很难。如果有，你很幸运，你在他心中的地位肯定很不一般。

顺治后宫三千，为什么独独宠爱并不完美的董鄂妃?

每次经筵日讲后，顺治帝总会把一些好句子分享给董鄂妃，而董鄂妃也总能够从中找到和顺治帝同样的感觉。顺治喜欢禅学，没想到董鄂妃也对禅学十分感兴趣。很多时候，顺治帝前一句话刚说出来，董鄂妃便能立刻接上后面的话。

论美貌，世界上总有更漂亮的人；论才华，也总有学识比你更加丰富的人。而这些都不能决定你最后会不会和这个人长久地在一起，能够一辈子陪伴你的，一定是那个随时可以跟你说上话的人。

是的，能找到一个能随时随地陪你聊天的人很难，这意味着他要马上放下手上的一切，来陪伴你。

这样的人，一定很爱你，愿意把你排在他的世界里第一的位置。

不管多累，不论多晚，都能给你想要的陪伴，不忍心让你在孤单中等待。

廖一梅说：“每个人都很孤单。在我们的一生中，遇到爱，遇到性，都不稀罕。稀罕的是遇到了解。”

人生最幸福的事，就是能找个能随时说话，而且理解你的人。

对你的喋喋不休，从不打断；对你的心酸委屈，深有同感；对你的艰难困境，能及时解难。能理解你的烦恼和忧伤，逗你开心帮你谋划；别人不相信你时，能坚定地鼓励你，站在你的身后支持你。这样的人，不论是爱情还是友情，都让人觉得很暖心。

金岳霖爱慕林徽因，逐林而居二十年，却从不越界，是林徽因一生的挚友和导师。

每当林徽因在学术或者生活上有疑难或感到失落的时候，金岳霖总会站在她身后，和她商讨新思路，为她解惑。金岳霖理解林徽因，愿意为她把爱意埋在心底，只是守候。

余生很长，遇到一个能随时随地陪你聊天，和你讲真话、知心话的人很难，却也很幸运。这样的人错过也许就不再有，要学会好好珍惜。

知乎上一名网友曾说：“真羡慕你们都有一个这样随时随地都可以聊天的人，我以前也有，只是……现在离开了。我似乎应该回去找他。”

每个人都可能曾经或现在有这么一个知心的人，随时随地陪你聊天，爱你、理解你。

我们应该学会珍惜自己所拥有的，别让你的冷漠和疏离弄丢这份幸福。

如果你此刻拥有这份爱，请记住好好爱他。如果没有，相信你总有一天会遇到，那一天到来时，请不要放手。

人生遇到一个能随时随地陪你聊天的人，无论是关乎友情、爱情还是亲情，请好好珍惜这份来之不易的感情。

别把爱你的人弄丢了

这世上的幸福有无数种，最美好的一种，大概就叫作有人在爱着你。

《小王子》里有一句非常经典的话：

全世界有多少亿人，但爱你的人却只有那几个。

他们会视你为珍宝、为你遮风挡雨、为你抚平伤痛，还会陪你欢笑悲伤、陪你走过漫长的岁月……

是啊，也许我们会遇到千万个人，但在乎你的人却只有那几个。

认识的人越多，越会发现，不是所有的人都是发自内心地希望你好，不是所有的人都会主动关心你，不是所有的人都能包容你的缺点、忍让你的脾气，不是所有的人都会陪着你，无论你是风光还是落魄……

一辈子，有个爱你的人不容易，但有了，却是万幸。

然而周国平却说，对亲近的人挑剔是本能。

人性总是如此微妙：得不到的永远在骚动，被偏爱的总有恃无恐。

我们最大的错误，可能就是总把最差的脾气和最糟糕的一面都给了最熟悉和最亲密的人，却把耐心和宽容给了陌生人。

绝大多数人都有过类似的体验：

我们习惯于在外人面前表现得温和有礼，习惯于在领导面前表现得耐心听话，习惯于在陌生人面前表现得热情风趣。然而，每当我们面对的是关系亲密的亲人和爱人时，便更加容易“凶相毕露”。

每每情绪爆发，口不择言，事后虽然也后悔不迭，但等到下一次，又会重蹈覆辙。

如此这般，周而复始。

杨澜采访周国平时曾经问道：“为什么我们都把好脾气留给外人，却把坏脾气留给最爱的人？”

结果一向儒雅的周国平却说：“这个错误，我也常常犯。”

说到其中原因，有人打了这样一个比方。

人与人之间的交际往来、感情积累就像是银行里的财富储蓄。

认识得越久、关系越亲，情感账户里的余额就越多，于是花费起来也就越是随心所欲、肆无忌惮。而对于那些刚刚开始打交道的人，彼此的感情储备尚且捉襟见肘，于是处理起来便小心翼翼起来。

说白了，无非是我们心里知道，有些人太爱我们、太在乎我们、太包容我们，更不会轻易离开，于是给了我们任性妄为的资本。

这大概也是人性共通的弱点。

人生最诡异之处，便是这个世界上对我们最好的人，往往也是最容易为我们所忽视的人。

因为他们稳定、牢靠又安全，而我们对他们的存在习以为常，久而久之，便不甚上心了。

于是我们总是能看到孩子动不动就嫌父母烦人，丈夫动不动就挑妻子毛病，父母动不动就给孩子训话，还自以为是人之常情、无可厚非。

但世上哪有这种人之常情，使亲者痛，仇者快？

爱一个人是什么？把心交给对方，但同时，也等于把伤害自己的权力交给对方。

然而当一个人把一颗真心毫无保留地交付出去时，他本不应该受到冷落和伤害。

没有人生来就应该爱护你、包容你。愿意这样做的人，只是因为太过在乎你。这样的人，无论是出于什么样的理由，都不该成为你宣泄坏情绪和负能量的垃圾桶。

再深的感情，也经不起挥霍和消耗。

周国平曾说“对亲近的人挑剔是本能”，却也说过“克服本能，做到对亲近的人不发脾气，是一种教养”。

是啊，世界这么大，有人对你好，是你的幸运。人心如此小，有颗心装着你，是你的福气。

世上真心已太少，那个对你好的人，记得别把他弄丢了。

亲近亦不放肆，深爱而不妄为，如此，才是一个值得被爱，也懂得去爱的人。

你若盛开，蝴蝶自来

认真生活，静悄悄绽放。时光若水，无言即大美。日子如莲，平凡即至雅。

写给渐渐老去的自己

时间是一道转轮，寒来暑往，兜兜转转，却在不经意之间磨平了人的棱角。恍然一惊，已到中年，所有青春的轻狂都化作了一杯酒，凝成过往。

少年听雨歌楼上，壮年听雨客舟中，而今听雨僧庐下。年少时，不懂人情世故，所以肆意挥洒青春，贪恋红尘，伤害过别人，也曾被人伤害；壮年时，出门闯荡，为生活忙碌，在磕磕绊绊中学会珍惜和坚强；等到渐渐老去，历经了世事的刁难，才慢慢参透人生，一蓑烟雨也是平生，极致简单才是美。

越活到老越明白，越直越吃亏，越发脾气越是伤害自己。人心本就浮躁，太多人活在自己的世界，听不进他人的言语，如果你先动气，就会被人抓住弱点。人心本就虚荣，听不得不好的评价，如果你不懂得修饰，不懂得委婉，随意去评判他人，最终惹来的也是不愉快。人活在世，不需要急也不要太硬，学会柔软，学会不动声色，在安静中，才能显示人品的高贵，享受世界的美好。

有的时候你觉得自己看透了一切，但是你要知道，你永远也猜不透人心。社会残酷，世事繁杂，总有你想象不到的事物存在。学会谦虚，活到老学到老。人这一辈子，看不完，想不完，唯有淡然。锋芒太露，容易被打压。别急着显山露水，说话之前想十秒。谦虚是美德，装糊涂是智慧。

学会放下和后退。放下就是自在，后退一步海阔天空。人之所以烦恼太多，就是执着太多，想要的太多。欲望只会摧毁你本就平稳的步伐，让你失去最初的自己。时不可追，最重要的是过程，而不是结果。很多东西失去了就失去了，只要曾经拥有过就好了。走累了就停下来歇歇，走不下去了也别硬撑，只要人活着就有机会。人生在世，什么也买不来健康和快乐。

看淡一切，看开一切。纸醉金迷、花花绿绿的喧嚣，不如天地一人，云水禅心。淡到极致就是绝美，看开了就是新的世界。别去在意别人的看法，只遵从内心的想法，快乐一天是一天，人最终的归宿还是自己。孰轻孰重，冷暖自知。不因老去而忧伤，不因得失而惆怅，饿了吃饭，困了睡觉，糊涂时读书，做好最简单的事情，真正去生活。

亲爱的自己，不要害怕磨难，也别害怕孤单。人生本就是自己和自己的修炼，你终究会和最好的自己相遇，也会获得最好的温暖和幸福。惜福的人才能获得快乐，心中有爱的人才会被爱，每一个善良的人都会被世界温柔以待。

认真生活，静悄悄绽放。时光若水，无言即大美。日子如莲，平凡即至雅。

什么都舍不得的人，也不配拥有

有人说，当你紧握双手，里面什么也没有；当你打开双手，世界就在你手中。人这一辈子，很多东西你越是舍不得，就越是得不到，甚至可能会失去更多。

人生不可能十全十美，更不可能有天上掉馅饼的好事，所以做人，一定要舍得！

做人要舍得花钱。

舍得花钱的人，往往格局更大，活得也更加潇洒。

一个人最好的投资，就是投资自己。给自己买好看的衣服也好，买好的化妆品也好，抑或是买书、学一门课程或手艺，其实都是对自己的一种投资，在未来的某一天终会有所受益，只是现在还看不到而已。

每个人都在为了生活疲于奔命，可谁也不知道明天和意外哪个先来，所以一定要懂得享受生活。舍得花钱的人，会定期给自己安排一次旅行，会在客厅里摆上一张又软又舒服的沙发，会偶尔买个名牌包包犒赏自己，活得愉悦而潇洒。

当然舍得花钱的人，往往都不会过得很差。虽然平时可能有点大手大脚，但是他也总在想着怎么用已有的财富在合法的范围内赚更多的钱，而不是抠门地守着眼前的那点钱生利息。

舍得花钱的人，收获的是更优质的生活。

做人要舍得付出。

舍得付出的人，往往内心更富有，心地更纯净。

人与人之间贵在平等，除了父母对子女，这世界上没有任何一段关系能靠单方面的付出坚持一辈子。舍得付出的人，更懂如何去爱人。父母亲人有需要，他从来不推三阻四，只要自己有能力，就一定满足他们；朋友需要他帮忙，他也一定会尽自己最大的努力去满足对方；即便是陌生人，需要他搭把手的时候，他也会真诚地去帮助别人。

舍得付出的人，可能吃过一些亏，受过一些伤害，但是他从来没有后悔过。因为知恩图报也好，忘恩负义也罢，都不会影响他给予自己的善意和真诚。当然，生活不会亏待这样的人，舍得付出的人，一般都会有很好的人际关系。

舍得付出的人，收获的是更多的朋友。

做人要舍得放手。

舍得放手的人，往往想得更透彻，不会钻牛角尖，更不会执迷不悟。

强扭的瓜不甜，舍得放手的人，不会执着于一份无望的感情，让自己在泥潭里苦苦挣扎。他知道如果对方心里没有他，那么无论他做什么都无济于事。很多人之所以活得痛苦，其实就是因为他们明白很多道理，却又往往做不到。而舍得放手的人，既明白道理，又能做得到。

人总归是要朝前看的，舍得放手的人，明白一味地执着于过去没有任何意义。过去的一切苦也好，甜也罢，所有的爱恨情仇最后都会随着时间像青烟一样散去。舍得放手的人，能早早解脱出来，去寻找新的人生；而放不下的人，则只会让自己痛苦地活在过去的迷障中，不得解脱。

舍得放手的人，收获的是更好的明天。

做人，一定要舍得。什么都不愿意放弃的人，最后反而会失去更多的东西。

等我老了，想要这几个“老伴”

有人说，四十五岁是人生中最低谷的时期，可能事业到了瓶颈，可能情感实在平淡。身体素质一日日地下降，任你强加锻炼，也跑不过飞逝的时光。然而，四十五岁又是一个很年轻的年纪，只不过走过了人生的一半。如果四十五岁前都在拼命，那四十五岁后的半生就要学会好好享受人生了。不管现在的你是多少岁，已经可以开始规划你老之后的必需清单了。

“老伴”，不只是指妻子或丈夫，也指的是任何可以与你老时相伴的人或物，可能是你一生的挚友，也可能是一只可爱的小狗。

“老伴”之一：一定的存款和积蓄。

一定的积蓄是幸福生活的保障，存够了钱才有底气享受。不需要太多，够用够生活就行。生病的时候有医疗保险，退休的时候可以拿养老保险。钱多就出去旅游看看世界，没太多钱就留在家附近品赏乾坤。再也不用操心什么时候可以打一打牙祭，戴上老花镜看电视才是最现实的幸福。

“老伴”之二：一份有目标的规划。

这个目标，小到每天的短暂性目标，大到你决定为之奋斗一生的目标。没有信仰的人生是悲哀的，没有目标的生活也没有动力。所以要每天活得踏实、不烦躁，就得每天制定一些小小的目标，比如今天运动了多少、是否按时就餐，遛鸟有没有忘记、教的鹦鹉学会了几句话。在实现小小的目标中寻得生活的乐趣。否则，一个人的时候，总容易陷入无聊的遐思中，深陷其中无法自拔。

“老伴”之三：尽可能多的好友。

人老了，孩子长大了。这时候朋友的陪伴尤其珍贵。认识一个朋友，五十岁时退休了，闲在家里之后无所事事，就把注意力转移到了自己的孩子身上。天天催孩子赶紧生娃，这样自己就可以有点事干了，而孩子刚结婚，一切都还没有稳定，搞得婆媳关系也很紧张。其实，年轻人有自己的想法，这个时候你照顾好自己的身体和生活就够了，大半辈子都在孩子身上操劳，现在也该为自己活一活。有人曾追踪一百名退休老人四年后的生活状况，其中对生活最感满意的退休老人，平均有十六位可以常常联系的朋友或熟人。

“老伴”之四：运动是最好的玩伴。

人要想尽可能地延缓身体老化的速度，锻炼是少不了的，不过除了身体锻炼，还得多做些脑部活动。培养新的兴趣爱好，下围棋，学乐器，动手动脑。买菜做饭，烹饪美食也是不错的选择。一个朋友的父亲，现在八十多岁高龄，出身书香门第，到现在依然是没事就去看书，思维清晰，目光犀利。另外，他坚持自己洗衣服、做家务。他总觉得，一靠别人，那就真的老了。

“老伴”之五：有你就好了。

我最重要的财富就是老了还有你。一山一水一夕阳，一茶一饭一老伴，闲时散步，忙时共处。世事有些忘却时，还能提醒我回老家看看。

老是人生的必然，是一件必将发生的事情。在我老之前，我要爱上运动，努力工作，培养积极的生活态度。唯愿岁月清浅，此生安详。

人过四十，别太较真

不和小人较真，因为他不配。

小人往往有一套自己的“道理”，而且他们的眼光、态度和视角，是你根本就不曾见过的。不但如此，他们为人处世的逻辑，也可能是你无法理解的。跟一个与自己的理解水平不符的人有什么好解释的呢？所以，如果他们触犯了你，别花太多时间去计较和反思自己，因为错不在你。

不和错误较真，因为没必要。

如果自己犯了错，谨记这次的教训。告诉自己，错误可以犯，但只有一次。不要有过多的懊恼，懊恼再多也无法挽回已经犯下的过失。如果是别人犯的错，让他改正；如果改变不了，那就顺其自然，不要拿别人的错误惩罚自己。

不和身体较真，因为耗不起。

人过四十，身体已经在慢慢走下坡路。酒，少喝点；烟，不要抽。可以不去的酒局少去，尽量晨起锻炼。少生气，知足常乐。生气对身体产生的负面影响比打一拳还严重，快乐永远是长寿的秘诀。

不和往事较真，因为于事无补。

过去的往事不必纠缠，做得不好的别痛恨，干得好的也没什么值得炫耀。昨天再好，也救不了今天；昨天再不堪，也坏不到现在。昨天的太阳晒不干今天的衣裳，明天才真正值得展望。

不和离开的人较真，因为留不住。

走的人送他一个滚字就好，多一个字都是挽留，作贱自己。无论他以前对你有多好，那也只是存在于过去。你没有权利要求一个人永生不变，因为每个人都处在不停的变化之中。会离开你的人，终究不属于你。

不和生活较真，因为较不起。

生活是一堆鸡毛蒜皮，油米柴盐。从生存到生活，简单的两个字，却需要用一生好好过活。和生活斤斤计较，到头来头破血流的必然是你自己。生活里没有绝望，只有想不通，想要前进就必须奋斗。

不和自己较真，因为伤不起。

人比人，气死人。然而，当你拿自己和自己进行比较，有时候却更能体会自己无能的悲哀。大多数时候，和自己比较，过去的自己便是你前进的参照；但有时候，比较太多，则容易让你陷入死循环，沉浸其中无法自拔。哀其不幸，怒其不争。保持一份愉悦的心情，才能老当益壮。

人心是一个容器，少一些计较，就会多一份自由。

痛苦装得少了，快乐自然就会增多。

致朋友圈里给我点赞、评论的人

朋友圈是个很神奇的存在，你曾想离开它过真实的生活，它却不知不觉间成为你真实生活的一部分。它让你看到自己的成长，朋友的喜怒，也让你看到谁在关心你，谁在疏远你。

毕业多年了，以前工作的一个同事突然给我打来电话，质问我最近为何不关注她的朋友圈动态。

正在电脑旁啪啪敲字的我随意地回她：“我很忙，公司最近改革，压力大得很。我这几天都加班呢，哪有时间看朋友圈？”

她沉默了一下，一字一句地说：“我发朋友圈，只是想跟朋友分享生活，你们都是我最重要的朋友啊！”

感动之余，我忍不住揶揄她：“你觉得朋友圈是万能的吗？我们打电话聊天不是挺好的吗？”

她答道：“朋友圈是什么？生活圈啊！有朋友才有圈，才有生活，不是吗？”

我忙不迭地赔礼道歉，并保证以后给她的每个动态都留评论，她才满意地挂了电话。

是啊，朋友圈就是生活圈，每个在我朋友圈里存在的人，都是我生活圈里可以称为朋友的人。

我之所以一天天地刷朋友圈，是因为我知道，在这里，永远都有关心我的朋友们。因为有了你们，我的圈子才完整。

我在朋友圈发旅游的照片，并不是为了炫耀自己的生活多姿多彩，只是想让你们看看美丽风景，毕竟，工作后的我们都太忙，忙到没有时间出去旅行；

我晒儿女的日常照，不是为了让你们觉得孩子乖巧懂事，而是想让你们看到，从女孩到母亲，我们走过了太多路，我的每一步都有变化；

我说心情很糟糕的那条动态，是在很难受的时候发的，不是我不想打电话，而是不愿浪费你们太多时间，你们给我评论、点赞，就是给我继续向前的力量；

我转发到朋友圈里的文章，并不是只看标题，而是认真地读完后被感动，想让你们也有同感，珍惜每个过去和未来的日子。

谢谢你们，打开我的每一张照片，每一条动态，为我点赞，陪我成长，见证我的一路风景；

谢谢你们，在我说难受时给我留下每一条关心的评论，一个简单的拥抱表情，足以让我缓解疼痛；

谢谢你们，选择去看我分享的文章，读完后会心一笑或者陷入沉思，能读已是不易，更何况是用心读懂；

谢谢你们，倾听我的心酸和纠结，都说人心是一座孤岛，但渴望被理解的灵魂和愿意去理解的灵魂却能在岛上相遇。

有人说，人心是不待风吹而自落的花，但因为和你们结识、深交，这朵花才更娇艳动人。

谢谢你们出现在我的朋友圈，时间匆匆而过，但是你们却不离不弃。未来还那么长，我一定会奉陪到底！

人和人的感情，都是这么变淡的

很多人，走着走着就散了。

很多感情，处着处着就淡了。

人和人的感情，其实都是这么变淡的。

一个不问，一个不说。

很多感情变淡了，都是因为一个不问，一个不说。沉默永远都是疏离的开始。两个人之间，没有沟通就没有联系，没有联系就没有感情。

每个人每天经历的人和事不同，感受各异，只有不断地倾诉和倾听，才能了解彼此。

如果一个不问，一个不说，再熟悉的人也会渐渐没了共同语言，再深的感情也会渐渐找不到支点。连倾诉和倾听的欲望都没有了，这段感情也就差不多走到了尽头。

如果关心一个人，就不要吝惜自己的语言，该问就问，问了才能知道对方在想什么、在经历什么，才能参与对方的人生。如果看重一个人，就不要吝啬自己的话语，该说就说，别指望别人能凭空猜出你的心声，话要说出口，彼此才有相互了解的机会。

一个不退，一个不让。

很多感情变淡了，都是因为一个不退，一个不让。这世上没有那么多恰好合适，其实都是互相迁就。

人与人相处总会遇到冲突，再好的朋友也会吵架，再好的夫妻也会闹矛盾。如果矛盾发生了，一个不让，一个不退，以争吵收场，或是以冷战结尾，这份感情也就已经被伤得很深、变得很冷了。

感情里没有那么多输赢对错，你若总想赢过对方，就只会输掉彼此的情谊。长久的相处，需要一个懂得迁就对方的人，和一个懂得包容对方的人。如果对方是你所爱惜、所重视的人，那么为他退一步、低个头又有何妨？退一步，让一下，会让彼此未来的路更宽广，也更长远。

一个不等，一个不追。

很多感情变淡了，都是因为一个不等，一个不追。每个人的生活步调其实都是不同的，如果做不到彼此配合，就只能越离越远。

有的人的人生路走得快一些，走得远一些，也许这时候的他正春风得意。有的人的人生路走得慢一些，走得近一些，也许这时候的他正失落失意。走在前面的人，如果忘了回头看看，就会弄丢身边的人。走在后面的人，如果放弃了追赶，就会看着对方从自己的视野里渐渐消失。如果不能配合彼此的步调，就永远无法并肩前行。差异越来越大，距离越拉越远，感情也就越来越淡。

生活总爱把很多差异横在人与人之间，这些差异也许来自地域，也许来自金钱，也许来自身份地位，但只要走在前头的人别忘了等一等，走在后面的人别放弃追赶，彼此的距离就不会远，这份感情就不会淡。

人心，都是慢慢变冷的……

大概每个人都有过类似的经历：

小时候，再小的事也要渲染得惊天动地，生怕身边的人不知道自己哪里又磕了绊了；长大后，却越来越习惯不动声色，躲在人后才敢悲戚，唯恐被人听见或看到。

刚开始，总喜欢跟人掏心掏肺，无论高兴还是生气都一股脑地将情绪塞到对方手上；后来却越来越懒得说，也越来越不想说，喜怒哀乐情愿自己消化。

有人说，所谓成熟，就是越来越沉默，就是将哭声调成静音的过程，喜怒不形于朋友圈，把情绪收到别人看不到的地方，一个人学会坚强。

我却觉得，所谓沉默，其实是一个人最大的哭声。从唠唠叨叨的关怀、吵吵闹闹的期待、兴高采烈的分享，最终变成了心如止水的冷漠和悄无声息的绝望。

知乎上有人问过这样一个问题：什么时候你发现你彻底失去一个人了？

点赞最高的一个回答是：当我无论说什么，他都只是沉默时，我就知道一切已经无法挽回了。

当一个人真正死心时，会有什么表现？你以为是大吵大闹，或是哭天抢地，其实都不是。

一个人真正死心的表现是沉默，是不管不顾，是不闻不问，是觉得你的一切都与他再无干系，懒得诉说，更懒得提起。

他也曾经沸腾过、热烈过，只可惜没人回应、没被珍惜，最后终究累了倦了，再也不愿为你掀起波澜。

每一份沉默的背后，其实都有一颗慢慢变冷的心。

记得以前楼下住着的一家三口总是不太安生，晚上我经过窗口，还经常能听到下面传来争吵的声音。

后来有很长一段时间，楼下再也没传来过这样的吵闹声。附近邻里聚在一起闲聊时，都以为这两口子终于化解了矛盾好好过日子了，只有母亲悄悄和我说：“两个人在一起不怕吵架，就怕连架都没得吵，无话可说才是最可怕的。”

直到后来，中介带着看房的人在楼道里进进出出，邻里才知道楼下的两口子离了，房子也卖了。母亲说她一点也不意外。

当一个人开始沉默，才是真的失望透顶了。

知乎上有这样一段话，令人印象尤为深刻：

> 人心都是慢慢冷却的，哪有顷刻之间的心灰意冷，有的只是日积月累的看透罢了。好比雪崩，是一个从量变到质变的过程，在这个过程中，雪量不断增加到达临界点，最终彻底崩盘。
>
> 这一切早已在暗中酝酿，山谷旷野里的一声枪响，一声呵斥，都只是这场灾难的诱因罢了。

很多事情我们只看到了结局，却很少看到漫长时间里的层层铺垫。就好像你很难知道一个人从无话不说到无话可说，中间究竟经过了多少次寒心和失望。

你以为他只是因为一点小事就小题大做，其实那不过是压垮他的最后一根稻草罢了。

人生最吊诡的事，便是当你在嫌弃一个人话多还唠叨的时候，当你在抱怨一个人爱跟你吵跟你闹的时候，你或许意识不到自己正身处幸福之中。

而当你在欣喜一个人终于不吵不闹、不争不抢、沉默懂事的时候，你或许意识不到你曾经深深辜负了一个人爱你的人，甚至即将失去一个对你好的人。

所有大张旗鼓的离开都是试探，真正的离开是悄无声息的。当沉默替代了一切，一段感情也就走到了岌岌可危的边缘。

如果一个人越来越沉默，这不是清心寡欲，不是懦弱妥协，而是意味着他看清了很多事，看清了很多人。有些人和事，在他心里，再也没有以前那么重要了。

人心都是慢慢变冷的。就像是我给你递了一杯热水，而你却心系着其他饮料，于是把它搁置一旁。等你喝饮料越喝越渴，便又想起了我给你的那杯热水，你以为它还温热，等端起来，才发现原本温热的水早已冰冷。

水凉了，你怨不了任何人。

别忘了，那杯水起初是温热暖心的。

一辈子，记得别让爱你的人沉默。水凉了也许还可以再热，心冷了却再也暖不回来了。

你的付出，要遇上对的人！

人活这一辈子，不要总想着以自己的血肉之躯去温暖和照亮所有人，这不现实。并不是所有的人都想要和你交好，也不是每个人都会领你的情。时间久了，有些人甚至还可能因为你无限的善意和退让，习惯了你的低姿态，从而对你提出很多无理的要求而不自知。

人活这一辈子，也不要总想着对所有人一样好，这不公平。很多时候，我们只有区别对待，才能不让那些在乎我们和懂得知恩图报的人寒心。值得的人，我们就对他们更好一点；不值得的人，过往的一切就算了，但是从今以后，我们也不要再傻乎乎地去交付自己的真心。

付出也要遇上对的人，否则只是徒劳。从今天开始，只对两种人好就够了。

付出，要选择愿意对你好的人。

这社会太纷繁复杂，人心难测，过去的路上你可能遇到过很多人，但真正希望你过得好的人其实很少，愿意对你好的人就更是少之又少了。

一个对你好的人，愿意陪你一起分担生命中的风风雨雨，你需要他的时候，他都在，不会让你觉得孤独无助；一个对你好的人，会全心全意地希望你过得幸福，对你没有任何心机和算计，不会让你在和他相处时觉得累；一个对你好的人，会处处为你着想，默默为你付出，很少对你提出什么要求，舍不得让你为难。

这样的人也许是你的亲人、爱人和朋友，但不管是谁，他们都是真的在乎你，当然也值得你倾心相待。

付出，要选择珍惜你的好的人。

生活里总有一些人不懂得感恩，总是把你对他的好当作是理所当然。你为他做了一百件事，只要有一件事没做好，他就会把前面那九十九件事的好忘得一干二净，对你心生怨恨。

而珍惜你的好的人，知道这世上没有谁有义务对谁好，所以你对他所有的好，他都一一记在心里，有机会一定会报答你。

你在他困难的时候拉过他一把，哪怕只是很小的忙，他也会念着你的好，哪天你需要他搭把手的时候，他一定不会有半点推辞；你平时比较关照他，哪怕只是举手之劳，他也会感恩于你，心里跟你很亲近，也会尽力多为你做点事。

总之，你对他的好，哪怕你从来没有指望过会有回报，也从来不会白费。感情本来就应该是你来我往的，他珍惜你的好，感恩你的好，回应你的好，当然值得你真心以待。

付出，也得遇上对的人！

过去，我们总是天真地以为真心能换来真心，于是掏心掏肺地对所有人好，结果往往把自己弄得伤痕累累，最终恍然发现，原来这个世界上不是每个人都值得你对他好。

一个人的温暖是有限的，一点也不能浪费。从今以后，你只需要对这两种人好就够了。

愿你在这漫长的时光里，对得起别人对你的好，付出的好也都是值得的！

人到中年：很累，但无路可退……

夜里回家，在路边遇到了一个阿姨，缩在人行道绿化带的边沿，埋着头哭得双肩不住地颤抖。那种不加掩饰的悲伤，让所有路过的行人忍不住心疼。

都说在成年人的世界里，早已没有了情绪的位置，即使心里已经兵荒马乱，面上也仍要不动声色。

没人知道发生了什么，能让一个人放下尊严和面子，缩在街角路边，在众目睽睽之下，肆意倾泻悲伤。

想起几个月前看过的那则新闻，一位三十多岁的民工坐在路边号啕大哭。

被路过的好心人询问，他才悲泣着说出真相：“我难受得很，我爸爸得癌症了，做了四次化疗，不见效果……我就是今天喝点酒，发泄发泄，处理下我的心情……我爸小时候对我好得很，我现在也为人父母了……今天趁着家人没在，我才在这哭呢，家人在，我回家不敢哭……”

有位作家曾说过：“世界上之所以有夜晚，就是留给那些有伤口的人，给他们一片可以独自舔舐伤口的黑，而且不易被发现。”

黑夜里的眼泪，亦是另一种坚强。

独自一人承受所有，在目不所及的地方收拾好一切，榨干了眼泪，又重新出发。

等到天明了，等到了别人面前，仍然是那个披荆斩棘、刀枪不入的战士。

大导演姜文曾经给“中年”做过这样一番评判：

> 中年是个卖笑的年龄，既要讨得老人的欢心，也要做好儿女的榜样，还要时刻关注老婆的脸色，不停迎合上司的心思。中年为了生计、脸面、房子车子票子不停周旋。

他将此形容为“狗日的中年”，想必是切身体会后的有感而发，既深刻又辛酸。

而他没说到的是，中年还是一个卖身的年龄，上有老下有小，不敢倒下，不敢生病，更不敢死。因为你已经是一个家的顶梁柱了，这根柱子如何能倒下？

犹记得一个好友，在父亲重病住院的那几个月，白天照常上班，晚上和母亲轮流在医院搭着行军床陪伴照料，还得抽出空来回家照顾刚断奶、交给婆婆在带的儿子。

她不再有空像以前那样和我们一起出去吃饭、逛街，路上偶然撞见，发现人瘦了一圈，但精神反而更抖擞了。

所有人都觉得她一定是累到快崩溃了，却从来没有人见到她在朋友圈发任何抱怨或丧气的话。只是偶然有一天，看到她朋友圈的背景图换成了一张日剧的截图，上面写着一句："哭的话，除了眼睛会肿，根本没用啊。"

我无法得知她是否崩溃过、痛哭过，但我知道她选择了硬着头皮走下去。

尼采说："痛苦的人没有悲伤的权利。"

是啊，曾以为会让你崩溃、让你痛苦的事情，事到临头了却发现，生活哪有那么多闲工夫给你矫情？

人到中年，累吗？很累，但早已无路可退了。

有时候也梦想着能回到过去，有人疼，有人抱，有人可以依靠，但是人生是条单行道，哪里还有回去的路呢？

你不坚强，又能靠谁？

小时候，我们以为成年人的世界应该是光鲜亮丽、自由自在的，住在精心布置的房子里，做着收入可观的工作，闲暇的时候还能约上三五好友四处逛逛玩玩，或是贴着面膜料理阳台上的花花草草。

然而人到中年才发现，现实中的生活，有时候称之为谋生或许更为恰当。

日剧《大叔的爱》中，有一句台词颇为扎心：

> 不要大声责骂年轻人，他们会立刻辞职的，但是你可以往死里骂那些中年人，尤其是有车有房有娃的那些。

其实摧毁一个中年人，远比你想象中的容易。

因为他们背负了太多，太累了。

想起去年十二月，中兴通讯的一位程序员从公司总部大楼的二十六层纵身跃下。

他名校硕士毕业，兢兢业业工作十余年，常年加班，却骤然被通知自己被列入裁员名单。

死前，他在楼道里对着摄像头举起了双手——那是投降的姿势。

想起今年六月，万达一名四十四岁的中层管理员在建筑工地一跃而下。

死前不久，她还在参加会议，巡视商场。为了这个项目她背负着巨大的工作压力，即使大年三十也只在家吃了顿饭就回去工作了。然而商场开张不过数日，她就被人事部门约谈，可能撤销她总经理的职务。

最后她给家人发去了一条微信，只有三个字——对不起。

他们身后，究竟有多少中年人难以言明的疲惫？

这个世界上，有些人的苦和累是可以言说的，而有些人的苦和累是无法宣之于口的。

那些说不出来的苦累和辛酸，远比那些轻易能谈论的要沉重和深刻得多。

对于一个中年人而言，表面看起来总是光鲜亮丽、轻松自在，背后所要承受的负担和压力却是其他人看不到的，孝敬父母、哺育孩子、照顾爱人、还房贷车贷，只是习惯不去说起而已。

这样的辛苦虽然不显眼，却并不是不存在，只是肩上有太多的责任，心中有太多深沉的爱意，使得他们无路可退。

但是，人啊，活着不应该靠心情，而是应该靠心态。

累了的时候，也可以找个地方流泪，也可以寻求慰藉，别忘了其实还有人在爱你。

然后，收拾好心态，一路前行。

站稳了，你就是精品一件，倒下了，只沦为乱石一堆。

最舒服的关系，是不必讨好

最舒服的关系，是谁也不必讨好谁，彼此都是独立而自由的，若是合适就在一起，若是聊不来也没关系。

宁可孤独，也不违心；宁可抱憾，也不将就。能入我心者，我待以至宝；不入我心者，不屑敷衍。

这个世界上，有一种人活得最累。

她们习惯于隐藏自己真实的情绪，总是保持克制和礼貌，害怕与对方发生冲突，不敢轻易拒绝对方的要求；

她们很照顾别人的心情和看法，只要别人的语气稍微冷淡一点，就会想着自己是不是哪里惹得对方不高兴；

她们总是过分谦卑，又很容易被别人打动，对方只要给她一分好，她便会暗暗记在心里，恨不得回报人家十分。

即使是在面对一个人难以应付的麻烦时，能靠自己解决就自己解决，生怕给别人添了什么麻烦。

这个世界上，越敏感越懂事的人，总是活得越累。

习惯于迎合对方的期待，习惯于让气氛和谐，即便是以牺牲自己的感受为代价。他们好像和谁都能相处融洽，被冒犯也不会轻易发难。

就像席慕蓉写的那段话：

> 在一回首间，才忽然发现，原来，我一生的种种努力，不过只为了要使周遭的人都对我满意而已。为了要博得他人的称许与微笑，我战战兢兢地将自己套入所有的模式，所有的桎梏。走到中途，才忽然发现，我只剩下一副模糊的面目，和一条不能回头的路。

渐渐活成别人喜欢的样子，却也渐渐地掩盖了真实的自己。

看似人缘极好，关系稳定，背后的疲惫只有自己知道。

清华才女蒋方舟在上节目《奇葩大会》的时候，也曾经自曝：“因为太希望别人喜欢自己了，而活成了一个谄媚的人。”

这让她在前二十年的人生里，遗憾地失去了与身边人产生真实关系的机会。

人与人之间的真实关系是什么?

是你可以和这个人争吵，可以把自己最真实、最不堪的一面暴露给这个人，而不用苦心去扮演一个讨人喜欢的角色，不用时时担心对方会不会产生不快或是反感。

可以自由地表达自己，不必刻意压抑自己、迎合对方，这样的关系才具有实质性的意义。

所有靠讨好吸引而来的人，很可能不是真正能欣赏你的人。那些掺杂着太多取悦的感情，也绝非健康的相处模式，只是人为地创造了一个美好的幻影，但总有一天，幻影是要破灭的。就像涂磊说过的那句话："踮起脚尖爱一个人，是很不现实的。"

到了一定年纪你就会发现，越是需要费力维持的感情，越是脆弱。

真正能和你长久相处的人，欣赏的永远是你自由而独立的样子，而不是你故作谦卑和讨好的样子。

人与人之间最舒服的关系，是不必讨好。

你做你自己，我做我自己，不需要谁刻意去迎合谁。

待在一起，只是因为三观相近，兴趣相合，谈得拢，聊得来，感觉舒服，所以一切水到渠成，如是而已。

作家詹迪·尼尔森曾说过：

> 最适合的伴侣，就好像走进一座你曾经住过的房子里——你认识那些家具，认识墙上的画，架上的书，抽屉里的东西：如果在这个房子里你陷入黑暗，你也仍然能够自如地四处行走。

彼此坦诚，又彼此熟悉，没有压抑和猜疑，疲累和伪装。

一段好的关系，一定是如此。

也许你会因此失去一些人、一些关系，但那些接纳了真实的你之后依然选择留在你身边的人，才是你生命中值得珍惜的存在。

朋友，请择善而交

一个人，和什么样的人在一起，就容易变成什么样的人；和什么样的人做朋友，就容易过什么样的日子。就像跟着蜜蜂走，总会找到花园，而跟着苍蝇走，找到的可能是垃圾堆。朋友，一定要择善而交。

择善而交，就是要看默契。

默契，是性情相投，这是一种无声的语言，一种心灵的相知。这种感觉说不清道不明，但是彼此心里一定是最清楚的。

有默契的人，一句话、一个眼神就能沟通交流，平常总是能吃到一起、玩到一起、想到一起，彼此相处自然又轻松，不必刻意去假装或是迎合。而没默契的人，一句话有时候要解释半天，一点小事就能引起误会，两个人待在一起更多的是尴尬和煎熬。

你必须承认，人和人之间是有契合度的，不是所有的人都适合做朋友。

懂你的人才适合交往，舒服的人才好做朋友。融不进的圈子，不必硬挤进去，合不来的人，就不必勉强做朋友了。

择善而交，就是要看人品。

人和人之间，短期交往看外表，长期交往一定是看人品。热情都是一时的，真正影响以后相处的，是一个人的性格和素养。

一个人可以没钱没势没长相，但一定不可以没有善良的品格和良好的道德修养，这是一切的基础，没有它，有再多的优点也只能给这个人打零分。

交朋友，一定要交人品靠谱的。人品好的人，才会在你有难时帮助你，在你迷茫时引导你，在你走错路时打醒你，成为你的益友和良师。人品不过关的人，你永远不知道他什么时候会在你背后捅刀，什么时候会把你拽上歧途。

择善而交，就是要看真心。

交朋友，靠性情互相吸引，可以兴趣相投；靠人品互相扶持，不会走入歧途；最后，要靠真心相互珍惜，才能圆满长久。

真心对你的人，不一定是最殷勤的那个，也不一定是嘴最甜的那个，但是他不会利用你，不会猜忌你，不会伤害你，更不会随随便便就抛弃你。

遇到事了，你就会发现，他才是那个你可以求助的人；时间久了，你就会发现，他才是那个不多说却一直在你身边的人。

泛泛之交不必太放在心上，因为这样的人迟早会和你走散。真心待你的人，记得加倍珍惜，这才是会与你相伴一辈子的朋友。

人活一辈子，既要认真做事，更要明眼看人。

识人，是一生的难题，但再难也要记住：朋友，要择善而交。

人和人之间，别太近了

月满则亏，水满则溢。人和人之间的感情也是这样，如果亲密得过了头，不懂得保持彼此的距离，关系就不会长久。一份关系的好坏，在于你给了对方多少空间。

父母和子女之间，不要太近了。

不要以为你给了孩子生命，孩子就需要听命于你。你给了孩子生命，却不能给予孩子思想。倘若你看不清自己的位置，以为身为父母就拥有了绝对的权威，只会为孩子带来伤害。

不要给孩子太多的东西，太多的钱财是累赘，太多的期许是负担，太多的操劳是多余。你陪孩子走过该走的路，教给他该学会的道理，顺其自然就是最好。

父母与子女，本来就是一段渐行渐远的缘分。倘若他是来报恩的，知道在晚年时孝顺你，关爱你，你心便可满足；倘若他是来报怨的，不孝顺还向你索取，你大可将他扫地出门。人到了一定的年龄就要自己去飞翔，你不能永远养着孩子，也不能永远拴住孩子。适当的时候放手，儿孙自有儿孙福。孩子长大了，就让我们各有各的“江湖”，只要彼此牵挂，心意相通，这何尝不是一种圆满？

朋友之间，不要太近了。

君子之交淡若水，小人之交甘若醴。越好的友情，越能在平淡中见珍贵。真朋友之间的交往，聊天不会说透，做事不会做过。好朋友不会去挖掘你身上的秘密，那些过分在意你私事的人，其实都是一些虚伪的看客，并不会真正帮你解决问题。

越是聪明的人交朋友，越把自己当“外人”。他不会干涉你的选择，不会劝你要这样那样；他把自己放在朋友的位置，在你需要的时候出现，不该插手便绝不插手。那些不把自己当“外人”的人往往会引起别人的反感。在这一点上，亲戚也是一样，那些天天催你结婚买房生二胎的所谓朋友亲戚，哪一个是真的关心你？

好的友情需要双方懂得互相尊重，真朋友会站在你背后为你打气，而不是冲到前头对你指手画脚。淡淡的交往最长久，不追求外表的浮华，而在乎内心的感受。

爱人之间，不要太近了。

越是看起来蜜里调油、亲密无间的爱情，到头来分得越彻底。

爱情里，甜言蜜语百般怜爱都是过眼云烟，只有真诚踏实才能长久。

好的爱情，经受得住时间、距离的考验。有的夫妻即使天天待在一起，也是拌嘴吵架永无宁日；有的夫妻虽然被迫分开相隔两地，依然能坚守感情的忠诚。爱情里合不合适不在于表面的甜蜜，而在于你给了对方多少空间。

在婚姻和爱情里，懂得自处才是真智慧。聪明人不会去过分苛求对方爱不爱你，不会恨不得二十四小时实时掌握对方的消息，也不会整天怀疑、窥探对方的心思。最好的状态是不断提高自己，也给对方足够的自由。这样的感情，才能共同进步。就像两棵树，紧紧缠绕在一起只是消耗养分，最后搞不好甚至会枯萎，而预留一点生长的空间，两棵树便能并肩长得郁郁葱葱。

越走越急的是岁月，越变越快的是人心。不要相信那些近得过分的感情，也不要刻意和他人走得太近。凡事余一线，日后好相见。缘深缘浅，自有时间的安排，人生的关键，是在丝丝缕缕的人情中，活出最好最真的自己！

和相处舒服的人在一起！

人到世上走一遭，总会遇到一些喜欢的人和不喜欢的人。有些人，和他相处觉得很累，就不要继续相处了。和谁在一起舒服，就和谁在一起！

别和玩心眼的人在一起。处处都是心眼的人，一般都是自私的人，你给他一颗糖，他要怀疑成炸药；你借他一把伞，日后即使你的世界遇到了狂风暴雨，他也不会归还。他不会考虑你的感受和想法，他只在意他自己的心情与得失。

别和虚伪的人在一起。培根说："虚伪的人为智者所轻蔑，愚者所叹服，阿谀者所崇拜，而为自己的虚荣所奴役。"虚伪的人习惯了说谎和谄媚，他在你优秀的时候假装对你好，在你需要帮忙的时候却消失得无影无踪。虚伪，就是感情的毒药，伴上这样的人，一不小心便会一无所有。

有爱算计的人，爱挖苦你的人……人活了几十年，什么人都会遇到，不是所有人都会平白无故地对你友好。所以，如果和这些人相处得累了，不如就离开他们，再也不相往来。

人与人之间的相处其实很简单。朋友也好，家人也罢，喜欢就在一起，累了就离得远些，谁也不要勉强谁。

和谈得来的人在一起吧。不要再和那个你说东，他非要说西的人一起聊天，因为他根本不理解你。谈得来，是两个人交往的基础，谈得来才能明白你的兴趣、你的喜乐，彼此才能找到人生的乐趣。

和支持你、鼓励你的人在一起吧。有多少看似铁一样的关系，最后都落得个老死不相往来的结局。交往不是牟利的工具，要找一个懂得欣赏你、支持你的人。你做错了，他明白你的委屈；你成功了，他懂得你的不易。

和真诚善良的人在一起吧。不必为了权力、事业或钱财去结交一些狐朋狗友。真诚的友谊才有存在的意义，真诚的人才会关心你的想法和前途。斯人若彩虹，遇上方知有。结交一个对你有益的人，永远都不晚。

每个人都不傻，只是大家都喜欢简单的相处方式。有什么话，直白地说就好；有什么感情，大方地相处就好。人越老，越能明白岁月的无情和苛刻，能遇上一个合适的人，已经是莫大的幸福。

所以，和谁相处舒服，就和谁在一起，不必纠结他的胖瘦高矮，也不必纠结他的钱财背景。只要两个人相处得舒服，就不要轻易错过。

朋友不在多少，真诚就好；家人不必富有，团结就好；爱人也不需要多浪漫，疼你就好。

这辈子，一定要找一个让你舒服的人相处。生活已是不易，不要再委屈自己。

和三观不同的人在一起，你会累死

有人说，和三观不同的人是没办法做朋友的，就像你说大海好漂亮，他却说里面淹死了很多人。三观不同，两个人相处起来会特别累。

三观不同的人，连话都说不到一起。

有时候，人和人之间真的有很大区别，而三观不同的人，就像是来自两个不同星球的人，不管你怎么努力，都找不到破解彼此语言密码的钥匙。

你特别兴奋地和他分享你升职加薪的消息，他白你一眼，说那个破公司再怎么升职加薪有什么意思；你特别认真地跟他讲最近看的一部影片的心得，他却很不耐烦，不就是场电影吗，哪来那么多感慨；你看到街边的流浪汉，觉得很心酸，心情很低落，他却在一旁笑，别假惺惺的了，这又没别人看着。

有人说，和三观的不同的人在一起，要么不说话，要么被气炸。不管你是高兴还是难过，他都跟你不在一个频道上。你的欢喜他不屑一顾，你的难过他嗤之以鼻，你的感慨他不胜其烦，有时候哪怕连吵架，他都不知道你生气的点在哪里。

每一次聊天，你都要在心里原谅他八百次才能勉强忍住转身离开的欲望，痛苦又煎熬。

三观不同的人，总是容易伤害你。

人和人之间相处，最怕的不是别人对你总是不怀好意，想要伤害你，而是一个本来关系还不错的人，却总是在无意中伤害到你，还常常一脸无辜的样子。

你性子冷，不喜欢说话，他说你不礼貌、不尊重人，总是竭力劝你对每一个人笑脸相迎；你奋斗了那么多年就是想过得好一点，衣食住行尽量让自己舒服，他却总是怪你太不会过日子，非逼着你一分钱掰成两半花；你和一个极品同事闹矛盾，本来想向他寻求安慰，他却总是一脸严肃，说一定是你没有做好沟通。

在你看来是顺理成章的事情，在他眼里就是匪夷所思。不管是你的生活习惯，还是你为人处世的方式，他通通都不理解，你怎么解释都没用。

他不是要跟你作对，也不是有意要去伤害你，可是他的想法和观点就是跟你不一致，于是他的每一句话，每一个反应，最后都像一柄利刃一样一次又一次狠狠地刺伤你。

三观不同的人，往往走不到最后。

不管是友情还是爱情，三观不同的人，往往最终都会走散。

也许你和他因为曾有过一些特别的经历而变得很亲近，成为了朋友、恋人甚至是夫妻。可是在这大千世界里，每一朵花都有自己的心事，每个人也都有疲倦、落寞，希望有个人能懂的时候。

很多时候，你不被别人理解，不被别人支持，没关系，你觉得只要他懂就够了。可是到最后，最不理解你、最不支持你的人却是他。于是，你的悲喜都只能掩藏于心，不管有什么事情都不想再跟他倾诉，更不要说是向他求助。

明明是那么亲近的两个人，最后却越走越疏远，再重要的人，也因为三观的不同而变得不那么重要了。

愿你能于千万人之中遇上和你三观相合的人，知你的委屈，懂你的脆弱，陪你一起走接下来的漫漫长路。

再见，发微信不回的人

大概每个人都曾遇到过一两个不回消息的人。

起初，有了新鲜的见闻，有了开心或是难过的事情，总会习惯性地点开对话框去和他讲。然而屏幕开了又关，消息看了又看，那个对话框却始终没有再亮起。

五分钟、一小时、甚至是一整天，或者干脆石沉大海、无人回应，直到偶然在街边遇见，你提起这事，他才好似忽然想起，然后告诉你：“那天太忙了，忘记了。”

可是现在的人都是手机不离身的，真有心想要回复，哪有忙不过来这一说？

微信里那么多的名字，那么多的信息，你却选择与他联络，和他分享，这本是种难得的依赖和信任。

原以为能相谈甚欢，原以为能分享快乐，最后却只是你用热脸去贴别人的冷屁股。

一次，两次，久而久之，你也不想再给他发消息了。

看到那个没有回应的对话框，就仿佛看到了自己的卑微和讨好，也看到了对方的冷漠和不在意。

多少曾以为亲密无间的朋友，最后就这样聊死在微信里。

一个人为什么不回你微信？

可能他碰巧没看到……

可能他手机刚好没电了……

可能他在开会或是在办事，抽不出时间……

这些理由，可能连你自己都觉得牵强。再忙，抽十秒钟打两个字的时间总是有的；再健忘，老板交代的工作他一定不会忘记回复。

不回复你的消息，无非是懒得回，或者是不想回，最后就忘在脑后了。

网上有一段这样的话，听来甚是扎心：

在乎你的人对你说我去洗澡了，之后还会告诉你我洗完了，而不在乎你的人在说完我去洗澡了之后，就像死在了浴室里一样；

在乎你的人对你说我吃饭去了，之后还会对你说我吃完了，但不在乎你的人跟你说完我去吃饭了之后，就像死在了餐桌上一样；

在乎你的人对你说我睡觉去了，之后还会告诉你我醒了，而不在乎你的人在说完我睡觉去了之后，也好像从此死在了床上。

现实就是如此。

一个人对你是否上心，其实细节里看得一清二楚。表面上可能还会客套，实际上却将冷淡刻在了深处。

曾经的相谈甚欢，只是他刚好有空，而你刚好主动时的一种错觉而已。

不得不承认，有些感情只是无聊寂寞时搭个伴，等到时过境迁就散了。但是真正长久的感情，是孤单的时候能彼此作伴，忙碌的时候也不会疏于联络。

那些不是因为寂寞无聊了才来找你的人，才是能陪你一辈子的人。

现代人的世界里，有一种教养，叫作收到请回复。

即使是短短一两个字，即使是敷衍，至少不会让屏幕那端的人望穿秋水、抓耳挠腮，最终慢慢心冷。

有人满心欢喜地等着和你分享，有人有紧要的事情要和你商量，回不回或许是你的自由，但别忘了，微信的那头还有人一直在等。

一次两次忙过头忘记了实属正常，次数多了，表现出的便是一种不尊重的态度，对对方来说更是一种伤害。

人的失望是会慢慢累积的。有时候你以为毁掉一段爱情或是友情需要一场激烈的争吵，或是一次利益的纠纷。然而一点冷漠、一点忽视，慢慢就会累积成难以逾越的心墙。

人心，一般是不会死在大事上的，而是被那些小失望一次又一次地伤害，最终累积成了致命的伤。

既然你不回我，那我也不再找你。大家都是有自尊心的人，谁又甘心一直讨好、一直卑微呢？

发微信不回的人，就不要再给他发了。

不在意你的人又何必强求？感情里但凡勉强，都是辛苦。

再见了，微信不回的人。

你永远不知道自己失去了多么珍贵的感情，失去了多么珍贵的朋友。

合不来的人，不要勉强做朋友

泰戈尔曾说：“在哪里找到了朋友，我就在哪里重生。”

交到一个好的朋友，就如同“多了一块陶冶情操的砺石，多一分战胜的力量，多一个锐意进取的伴侣”。

因此，交朋友这件事就如同谈恋爱一样，不能将就。

不合适的人，就不要做朋友了，不然只会为友情带来阴影。那么不合适的人有哪些呢？

习惯性以自我为中心的人，不适合做朋友。

这种人一般会表现出两个特征：“我说的都对”和“你说的我不想听”。

和过分自我的人相处，你只有事事迁就才不会触怒他。

可是朋友之间所表达的应该是一种平等的关怀，如果你们的相处模式需要你忍气吞声才能维持稳定，那么这种友情就是一种负担。

与其口干舌燥，感慨心累，倒不如悉听尊便，敬而远之。做朋友，这种人显然不适合。

喜欢攀比的人，不适合做朋友。

和这种人做朋友，总是会觉得累。哪怕你不是好攀比的人，看着这些人上赶着来和你比，也是很心累的。

我们总能听到一些这样的话：

“我儿子这次考试考了 ×× 名，你们家孩子呢？”

“我老公上星期升了 ×× 长。”

“我们家打算换辆车啦。”

对于这种人，报以真诚的微笑，再用两句自谦的话语满足对方的虚荣心，然后挥手告别吧。

和你没有共同话题的人，不适合做朋友。

没有共同话题、没有共同的爱好，这就意味着你们不能一起愉快地打发时间，不能一起愉快地交流意见，不能一起愉快地谈论同样感兴趣的事物。

这样的话，两个人做朋友还有什么乐趣？

不能读懂你情绪的人，不适合做朋友。

试想，如果你的朋友从你反常的沉默中读不到你的郁闷；在你发光的眼睛里看不到你的欢喜；不能理解你的笑点，也不能理解你为什么生气。不仅如此，他还总是对你说“这有什么好笑的”“这有什么好气的”，于是你在每一次笑的时候得跟他解释你为什么笑，在生气的时候还得跟他分析你为什么生气……

是不是想想就很累？

总是让你为难的人，不适合做朋友。

朋友是会不自觉地替你考虑的人。

以朋友的名义找你帮忙，完全不考虑这个请求是否会对你造成困扰，只说一句“不帮就不是朋友”。

以朋友的名义找你借钱，完全不考虑你手头是否宽裕，甚至最后等到你不得不去催债时，他还说“是不是朋友啊，这么点钱还催”……

恕我直言：“你这种人，谁和你是朋友。”

亚里士多德曾说：“羽毛相同的鸟，自会聚在一起。”

不需要多说，如果是适合你的朋友，你会自然而然地爱上和他相处的感觉。

如果不合适，你们相处起来就会时时感到尴尬。

朋友是一个很重要的身份，如果他不适合，就适可而止地做一个“认识的人”吧。

就像《阳光灿烂的日子》里所说的：

> 记住，朋友一生一起走，但是如果相处得很累，就不要和他一起走了。

我不会删掉你，也不会联系你了

在豆瓣上，有位网友说：“我会因为一首歌、一场雨、季节的转换而想念一个人，那么你们呢？”

一个简单又戳心的提问，刹那间勾起了无数人的思绪，众网友纷纷作答：

只要闲下来一点；

晚上关灯后；

此时此刻；

梦里，不经意间；

感到孤独时；

怕黑睡不着的时候；

夜深人静、孤枕难眠的时候；

生病发烧、无助流泪的时候；

欢乐过后一个人的时候；

……

也许，每个人的心里都有一座坟，葬着一个未亡人吧。

这个人，或许一辈子与你都毫无交集，甚至不会相见，但是他却深深地埋在你的心里，你会时不时地就想起他。

想起下雨时，他拉着你的手在雨中奔跑的样子；想起吃饭时，他给你盛饭夹菜的场景；想起睡觉时，他轻轻给你盖被子的瞬间；想起生病时，他守在床边照顾你的时刻；想起种种和他在一起时或美好或难过的画面。

可是，想念就像一颗毒药，令你上瘾，使你心痛，叫你冲动。

曾经多少次，你在想念他的世界里迷了路，你在想念他的梦里惊醒，但迷路时、醒来后，你总是忍不住拿起手机想联系他。

于是你在手机里快速地输入他的电话号码，一股脑地拨过去，然而电话才拨通几秒钟，你便又匆匆忙忙地将它挂掉。彼时，无人知晓你的内心有多纠结、多忐忑。

拨电话，是因为你真的很想和他说说话，哪怕只是随便聊几句也行，哪怕只是听听他的声音也好；挂电话，是因为你害怕他接了电话后，你们会陷入一种无话可说的尴尬局面，最终还要以沉默收场。

思前想后，你最终决定还是不打电话了，干脆给他发条信息吧，信息相比电话来说，可以更委婉更含蓄地表达情感。

于是一条信息，你编了删，删了又编，几经折腾，才将它编好。在快要发送时，你又犹豫了，手指迟迟没有按下发送键，因为你不确定他是否会查看或回复你的信息。一瞬间，你觉得自己真是太无聊、太没出息了，轻易去打扰一个不该联系也不必联系的人。

你索性删掉信息，关掉手机，将它扔在一边，劝自己不要再去碰它，不要再去想他。

然而想念的思绪就像海浪一样波涛汹涌，一次次拍打着你的心脏，推动着你去联系心心念念的他。

于是你决定去看一下他最近的动态，看看他过得是否还好。可就在你打开微信或QQ时，猛然发现你早已将他从你的各种社交软件里删除了。

想念一个人的时候，你会发疯似的去寻找与他有关的一切，哪怕是一丁点的回忆。

所以你又去翻看之前你们在一起时的那些照片，你偷偷写下的日记，还好它们没有被你删完。你一边看一边流泪，你从未想过有一天他会成为你生命中的过客，你也从未想过有一天你会步入想他却不敢联系他的境地。

苏芩说："想念一个不可能的人，就像在深沉的寒夜里手握一杯热咖啡，想喝又怕失眠。"

是啊，在寒夜里喝上一杯热咖啡，胃是暖和了，身体是热乎了，但当你准备睡下时，只能躺在床上辗转反侧，饱受失眠之苦。

这世上，有一种爱，叫偷偷的想念，有一种痛，叫想念却不敢联系。

想念却不敢联系虽然不好受，但对他而言，对上段感情来说，总归是件好事，是一种明智的做法。

如果想念就不顾一切地去联系他，那么你将永远活在过去，无法走出感情的阴霾。他也会不断地被你叨扰，无法彻底地从一段无望的感情中抽身。

正如别人所言，分手后不联系、不打扰、不诋毁才是留给前任最后的尊重。

那么，爱情结束了，就劝自己早点放手吧。死不放手，最后只会弄得两败俱伤。当一个人离你而去，闲下来想想他也无妨，只是别再轻易地去联系他。

时间是最好的疗伤药，日子久了，你便会慢慢地放下他。直到有一天，当你脑海里闪过他的身影时，你会发现内心已是波澜不惊，没有一丝一毫的触动。

想念却不敢联系，是无法言说的伤痛，愿你能学会独自舔舐伤口，逐渐变得独立而坚强。

为什么有些人慢慢就不联系了……

无意间在朋友圈读到这样一句话："其实有些人，你们已经见过这辈子最后一面了，只是你还没发觉。"

细细想来，心中满是遗憾和心惊。

其实每个人每一天，都在不断地告别。时间就像个筛子，很多人、很多事，一路走一路丢。

小时候一起烤红薯、玩泥巴的朋友，后来换了住处就再也没有联络过；

读书时总是一起去食堂吃饭，一起去上厕所的朋友，升了学、毕了业就渐渐断了音讯；

单身时老约在一块吃吃喝喝、玩玩闹闹的朋友，成了家、有了娃也慢慢没了聚会的时机和能聊起来的话题。

每个人的生命中，都注定有那么一些人，从陌生走来又重复着走向陌生。从曾经的相濡以沫，慢慢走到相忘于江湖。

直到后来的某天，母亲突然间问你："那个 ×××，怎么好像好久没来找你玩了？还有那个 ××，怎么好久没有听你提起了？"

你支吾着想解释，内心却不由得升起一阵伤感与空虚，然后终于不得不承认，那个曾经很要好的人，如今已经失散在了人群里。

米兰·昆德拉曾说过：

这是一个流行离开的世界，但是我们都不擅长告别。

是啊，我们曾经如此要好，如今却分道扬镳，虽然心酸，却不得不习惯。

活得越来越酷，朋友丢了一路。这大概是很多人一路走来的真实写照吧。

曾经有朋友向我推荐了这样一个测试：在微信聊天记录里搜索"改天""下次""等有空"这些词，就知道谁一直在敷衍你。

我尝试着去搜索，发现除了工作相关的，这些词汇大多都是来自一些曾经熟络、如今疏远的旧友。

和他们之间，总是有重要的事才会联系，然后很快就没了话题，于是寒暄几句近况，追忆几句往昔，最后就麻利地转向一句"下次聊”“有空聚”。

然而彼此都心知肚明，这些不过是客套，没有人真的当回事。

也许我们曾经同睡过一张床、分吃过一碗饭，甚至幻想过老了还要在一起，但回过神来却已经成为对方生命中的过客。大家都变了，亦没有回去的路了。

很多人，说过了太多再见，最后却再也不会见。

很多人，说过了太多改天，老也到不了那一天。

龙应台曾经把人生比作一条从平原走进森林的路。平原上可以结伴而行，快乐地簇拥在一起，相濡以沫地前进，但一旦进入了森林，草丛和荆棘拦路，有太多情形需要考虑，每个人都得专心走自己的路，寻找自己的方向。

于是我们活得越来越独，学会告别，那些熟悉的或是陌生的，深爱的或是冷淡的。

这与是否重感情无关，只是人总归会越来越成熟也越来越清醒，每个人都有自己的道路要走，方向不同就势必会分道而行，想想还是难过，却又无可奈何。

以前总觉得一辈子遥遥无期，什么时候能够毕业？什么时候能够独立？什么时候能够工作？什么时候能成家？

后来又觉得时间过得太快，一转眼已经走过了半生，身份越来越多，责任也越来越重，忙忙碌碌的岁月任你想抓也抓不住。

活得越来越酷，朋友丢了一路。

周遭人来人往，却个个面目模糊；看似热闹非凡，却人人来去匆匆。

都说人长大了，就变聪明了，不再会为了一点小事就兴高采烈，会考虑利益得失，会考虑财富地位，越来越精于计算和试探，也越来越不擅长付出和交心。

于是，也越来越意识到，从前的有些人、有些关系，究竟有多么珍贵。

生活的波涛总是一个劲地推着每个人往前走，但在人生的洪流里，总有一些不应该轻易放手的东西。

我们可以选择将一切尘封在脑海，偶尔回忆，彼此祝福，各自安好，继而去结识新的同伴、开启新的篇章。一定会有遗憾，也许有惊喜。

但如果可以，也别轻易选择放弃。所有的渐行渐远都是有理由的，除了在电影里，没人会一直等你。说到底，感情是不联系、不维护就会渐渐淡去的东西。

别总说改天，别总待下次，一辈子没有那么多的来日方长，真正重视的人、不舍得丢失的人，请好好抓紧。

未来不确定，那就珍惜好已拥有的。回忆固然美好，但若是那些重要的人都还在身边，未来定会有更加美丽的风景。

余生，和正确的人在一起

有句话说，一个人怎么样，从他身边的人就能看出。人们往往会通过一个人身边的朋友、亲人，来判断这个人的为人。你和谁在一起，会决定你将来变成什么样的人。

和什么样的人在一起，你就是什么样的人。

古人说："近朱者赤，近墨者黑。"你选择与什么样的人同行，你也会在不知不觉中被这些人同化。

与勤奋的人在一起，你会发现时间的珍贵，使自己也变成一个勤奋的人；与聪明的人在一起，也会学习到聪明人的工作方法，让自己不断进步；与乐观的人在一起，自己内心的阴霾也会被驱散，渐渐成为一个积极向上的人。

远离三观不一致的人吧。你说你喜欢草莓，他说草莓太腻；你说你喜欢电影，他说你矫情。开始时我们被对方的外貌所吸引，但生活得久了就会渐渐发现，和一个看待问题永远和你的意见有分歧的人在一起，只会越讲越扯不清，最终只好两散。

和那个懂你的人在一起。他不一定十分优秀，但是他明白你的内心。他能在你悲伤的时候给你安慰，能在你快乐的时候分享你的喜悦。或许他不能每一分钟都陪在你的身边，但他总能在你需要的时候出现。

靠近那些正能量的人。他们能够在你的生活中给你指引，在你烦恼的时候给你宽慰，在你需要聊天的时候陪你煲电话粥。与这样的人在一起，才能更好地提升自己，过好生活。

你选择不同的人做朋友，你就会体验到不同的人生。

不要和垃圾人成为朋友。

优秀的人各有各的优秀之处，不优秀的人却大同小异。他们大多消极悲观、懒惰无为或脾气暴躁。这样的人在生活中就像是一辆负能量垃圾车，走到哪里就会把负能量带到哪里。

悲观的人看整个世界都是悲观的。他看不到天空的蓝色，看不到草地的绿色。他只能看到自己的不幸，把自己一个人封闭在狭小的空间里，走不出去。和这样的人在一起，你也会渐渐感受不到生活中的乐趣。

懒惰的人在生活中找不到前进的方向，他从不想着改变自己，却只想着别人为他而改变。他对生活缺乏热情，没有理想，没有目标，每天的生活不过是浑浑噩噩，虚度光阴。今天说以后要开始健身，结果坚持了一个礼拜便不了了之；明天说每周要看完一本书，结果书翻完几页就被扔到了一边。

脾气坏的人往往偏激，也很容易冲动。他们不喜欢听别人的建议，总觉得自己是对的，往往因为一点小事就大动干戈，犯了错误也从不想着去道歉、改正，甚至会迁怒到别人身上。

我们在生活中会遇到性格迥异、能力不同的人，并不是所有的人都适合成为朋友。你选择与什么样的人相处，慢慢地你也会变成什么样的人。只有避开那些错误的人，才能把机会腾出来，留给那些正确的人。遇见正确的人，你也会遇见一个全新的自己。

你的圈子决定了你的层次。

很多时候，人们并不会在乎你到底是什么样的人，而是更加看重你所处的环境和你身边的人。

这个世界很现实，交朋友时很多人都认圈子。你在什么样的圈子，往往会体现你自己是什么样的人。为什么很多企业招聘更加偏爱著名高校的学生？为什么无数人削尖了脑袋要去长江商学院？说到底，你的圈子决定了你的层次。在好的圈子里找优秀人才的成本相对更低，何乐而不为？

如果你非常优秀，却混在一群庸碌无为的人之中，你并不会变得更优秀，而是会失去向上的动力。

但如果你和勤奋优秀的人在一起，即使你没有那么优秀，你也会被周围的人带动。你在玩游戏，别人却在提升自己，你会觉得不好意思，从而也会想要提升自己，努力向周围的人看齐。久而久之，你也会成为勤奋向上的人。

选择和什么样的人在一起，真的很重要。

积极进取的人就像是一团火焰，照亮你人生的前路，指引方向。而消极悲观的人却是一阵寒风，不仅不能带给你温暖，还会增加你人生道路上的困难。

一个人水平的高低、能力的大小，不仅取决于这个人自身，更取决于他周围的人。你身边的人越优秀，能够给你的帮助就会越多，你也会变得越来越优秀。

所以拒绝那些错误的人，选择跟正确的人在一起吧，你会发现生活其实很美好。

做有用的人，过有趣的人生

当老好人，好的是别人，苦的是自己。

“我养你”这句话有多毒?

电影《喜剧之王》中，伊天仇和柳飘飘有这么一段经典对白：

尹：你去哪里?

柳：去上班!

尹：不上班行不行?

柳：不上班，你养我啊?

尹天仇沉默,柳飘飘走远。过了一会儿,尹天仇追了上去。

柳：又怎么了?

尹：我养你吧!

柳：你先照顾好自己吧，傻瓜!

虽然故作高冷，可坐上出租车离去之后，柳飘飘还是哭成了泪人。

“我养你”确实是一句甜到心里的情话，不知有多少女人，被这句话打动了芳心。

然而遗憾的是，到了结婚之后，“我养你”往往就变了味道。那些曾经被它打动的女人，常常也会被它所误，在“被养者”的角色中迷失自己。

从“我养你”，到“是我养着你的”。

之前热播的《北京女子图鉴》里，女主陈可遇到了富二代于扬，两人一开始情投意合，陈可向于扬倾诉买房的烦恼，于扬淡定地说：“没关系啊，我养你！”

陈可心中一动，转过身问道：“真的吗？”

于扬迟疑半晌，微微一笑，岔开了这个话题。

他心里非常明白，陈可是个几乎一无所有的北漂女孩，所谓的“我养你”，不过玩笑而已。最后，于扬选择了跟富家女在一起，毫不留情地甩掉了陈可。

于扬的“我养你”是假，有些男人的“我养你”却是真的。

《我的前半生》讲述了另外一种故事：

结婚之前，陈俊生信誓旦旦地对罗子君说：“我养你！”

可十年后，陈俊生对这段感情越来越不满意，频频出轨，两人最终离婚。

罗子君哭诉道 :“是你说不想让我出去工作，所以大学毕业后工作了一年，我就辞职不做了，开始帮忙照顾小家庭。照顾孩子也是很辛苦的，为这个家我付出了这么多，现在你却告诉我，这一切不是你想要的……”

可是，罗子君又能怎么样呢？一直被老公养着，以为能无忧无虑地度过余生，直到夫妻关系出现裂痕，才发现自己是如此的弱小和无力，甚至连谈判的资格都没有。

当初那句“我养你”确实是出于真心，后来的“我不要你”也是出于真心。结婚后，柴米油盐酱醋茶消磨了往日的激情，“我养你”从一句甜蜜的情话，变成了一笔沉重的负担。

许多为人妻者辞去本职工作，为家庭付出，任劳任怨，可一旦与丈夫发生矛盾，听到的就不再是“我养你”了，而是一句无情的指责 :“是我养着你的！”

不错，“我养你”是一种甜蜜的诱惑，但往往也会变成无形的陷阱。

作为情话，“我养你”无可厚非，可是女人一旦当了真，问题就会接踵而来。

首先是经济问题 : 女人不去想办法赚钱，完全靠男人养着，现实吗？

当然不排除你嫁了个土豪，丝毫不必为生活烦恼，只需安心坐在家里“颐养天年”；可对于大多数普通人来说，如果夫妻双方只有一人赚钱，家庭经济的压力往往难以想象。

男人一个月挣多少，才有资格说出“我养你”？每日经济新闻网为此做过日常消费调研，得出了以下结果：

一线城市：30000 元（无车；月供 15000 元）

二线城市：20000 元（无车；月供 6000 元）

三线城市：15000 元（无车；月供 3000 元）

这样看来，“我养你”这句情话虽然浪漫，但真要落实到生活当中，恐怕并不是那么容易。

一旦家庭入不敷出，“我养你”就变成了一句空话，变成了两口子矛盾的焦点：凭什么我要养着你？

其次是地位问题：我都养着你了，你还敢不听我的？

收入的多少，往往决定了一个人的家庭地位。没有收入，在家里就没有经济地位，也就没有了话语权。全职太太总是受欺负，根源就在这里。

何况，工作和事业不仅仅是收入来源，还能增长见识、开阔眼界，让人更好地面对社会。倘若一个人已经能够自信满满地走向世界，另一个人却只会窝在家里刷剧吃薯条，两人的地位怎么会平等呢？

很多夫妻婚前无话不谈，婚后却慢慢变得无话可谈，就是因为两人对事业的投入程度不同，社会地位差距越来越大，最后失去共同语言，连说话都不在一个频道上。

一段双方地位严重不对等的婚姻，光靠一句“我养你”，怎么可能维持下去？

再有，每个人都需要价值感，希望自己的存在对社会“有用”，而不只是为了一个小家庭而活着。

可“我养你”一旦成为现实，女人从社会角色回归到家庭角色，她的价值必然大打折扣。毕竟，对家庭的付出没法量化，也没法变现，而且十分脆弱。一旦丈夫用情不专，孩子成长不顺，这点价值很容易化为乌有。

真正的价值感，只能来自于社会，来自于广阔的人群。而那些被“养起来”的女人，往往没多少价值可言。

“我养你”，一句看似简单的情话，背后却藏着数不清的现实风险。

“我不是宠物，为啥要你养？”

再则，“我养你”这种说法，其实隐含了对女性的物化和贬低。

试想一下，在生活中，什么东西是用来“养”的？花花草草，鸟兽虫鱼，阿猫阿狗，这些才是用来“养”的，都是强者对弱者的一种给予、一种恩赐，让“被养者”成为依赖自己的附属物。

正因如此，一句“是我养着你的”，才会成为丈夫伤害妻子的一件利器，里面包含了这样的逻辑：我养着你，你属于我，我们之间就是主人和宠物的关系。

不少女人的思想存在一种误区：自己有人养，不需要工作，生活应该很轻松吧。

事实却截然相反：我养着你，所以家里的一切事情，都得让你做！

买菜，做饭，洗碗，洗衣服，搞卫生，带孩子，打理杂务，照顾老人……哪一样不是家庭主妇的活？看起来没有工作，实际上到处都是“工作”！

“被养”是要付出代价的，而且这个代价之大，可能远远超出你的想象。

表面上，男人在外打拼赚钱，女人在家料理杂务，分工好像还算公平。可事实上，男人在工作和事业中增加了自己的社会价值，而女人呢，却在整日的庸碌中慢慢失去价值。青春的容颜渐渐老去，知识和技能没有更新，在日复一日的琐碎家务当中浑浑噩噩地消磨自己。

有专家指出，在一个有全职太太的家庭里，丈夫实际上是通过摆脱家务，无偿地占有了妻子的剩余价值。

选择给男人当全职保姆，就是女人被剥削的开始！

《东京女子图鉴》有句台词说得好：“好好工作，好好做人，才是王道。”

女人无论多么顾家，都应该珍惜自己的社会价值，不要被“我养你”这样的情话迷惑，变成一只被圈养、被宰割的“羔羊”。

婚姻从来不是女人的保险箱，要想让生活过得有保障，要想在家庭获得地位、赢得尊重，全靠自己努力拼搏。

其实，相比于“我养你”，女人更希望听到的是“我爱你”。不用你养我，爱我就够了。

最好的爱不是你养着我，而是我们一起养这个家庭，一起为美好的未来而奋斗，风雨同路，携手而行。

独立的女人才最漂亮

女人的安全感并不来源于男人不离不弃的承诺和铺天盖地的温柔，而是来源于自我的独立。独立的女人总会人见人爱。

独立，是自己挣钱。

女人最基本的独立是有自己的事业，能够自己养活自己。在恋爱时、结婚初，每个女人都听过“我养你”这样的承诺，可是“我养你”说来容易，做起来却很困难。

如果你辞职在家没有任何经济来源，不管是吃顿饭这样的小事，还是出国旅游这样的大事，都得伸手向对方要钱。如果对方心情好，也许会很爽快地给你钱花；如果碰到他心情郁闷，那么你可能迎来的就是一顿劈头盖脸的埋怨。

有句话说“女人的经济地位决定她的家庭地位”，所以要想不看别人的心情而活，就应该有自己挣钱的本事。

独立，是直面困难。

生活中总有一些意想不到的麻烦和出其不意的挫折，不要总是依靠别人。他总有在你需要却不在身边的时候，他总会有糊涂的时候。这年头，靠山山会倒，靠水水会流，靠人人会跑，只有自己才是最靠谱的。

女人二十岁之前的生活是父母给予的，二十岁之后的生活却是自己创造的。很多女人明明都有着面对困难的强大的勇气和解决问题的冷静的头脑，却被相夫教子、孝敬老人束缚了原本可以创造更美好的生活的心。

不要以为女人太坚强会没人疼，越是坚强的女人越是让人有一股心疼与尊敬的魅力。其实不敢独自面对困难、解决问题，有事就躲在男人背后的过于柔弱的女人更不招人怜爱。

独立，是思想自主。

无论是谁，都绝不该对他人盲目地听从，有漂亮的思想，才有漂亮的人生。

对于朋友，若是真心相交，那就不要因为一些流言蜚语而怀疑朋友的真诚；对于爱人，若是问心无愧，就不要因为几句闲言碎语而诚惶诚恐。

独立的思想，是能够使你的双脚扎实稳妥地站在大地上的东西。

有独立思想的人才不会人云亦云，因循守旧。她们会敢爱敢恨，坚强又理性，对家庭、工作和生活有自己的看法。

面容虽然会因岁月的侵蚀而日渐苍老，但思想却会因为时间的沉淀而闪闪发光。

衰老，对于女人而言从来都不是最可怕的，可怕的是你永远依靠别人而活，失去了自己的独立性。

别去迁就不喜欢你的人

人活一世，总会碰到不喜欢自己的人。他们看你的眼神总是带着针、带着刺、带着恶毒，对于这种人，永远别去迁就。

不喜欢你的人，你再怎么退让，他也不会收敛。

亦舒说：“当一个男人不再爱他的女人，她哭闹是错，静默也是错，活着呼吸是错，死了都是错。”其实这话放在不喜欢你的人那里，也是一样的。

不喜欢你的人，你对他就算时时谦恭有礼，事事和气忍让，他也不会记你一分情分。你以为退一步海阔天空，他却只想步步紧逼，不会有丝毫收敛，反而会因为你的迁就觉得你这个人好欺负，能够任他捏扁搓圆，进而变本加厉地把你逼至深渊。

迁就不喜欢你的人，只会活得越来越没有自己。

你害怕他不高兴，说话时都要陪着小心、看他的脸色；你满心想着缓解和他的关系，碰到他的事情总是热心积极，甚至比做自己的事都上心，他却根本不正眼看你一眼。

你一味地迁就他，凡事先考虑他的想法，连穿衣打扮都不再是自己的风格，说话更是百般小心、万般讨好，活得越来越不像自己。这样做，真的值得吗？

迁就不喜欢你的人，对爱你的人不公平。

从前有人问孔子：“以德报怨，怎么样？”孔子回答：“那用什么来报德呢？应该用正直来报怨，以德来报德。”

这世上有不喜欢你的人，也有心疼你、爱你的人。他们对你真心实意、关怀有加，在你高兴的时候和你把酒言欢，在你难过的时候陪你一醉解千愁，在你遭受不平的时候为你出头。

这些人才是你真正该用心珍视的人，至于不喜欢你的人，以诚相待就好。因为你迁就他们，就是对爱你、心疼你的人的不公平。

人生短暂，不要去迎合任何人。

一味地委屈自己去迎合取悦不喜欢自己的人，不值得，更没必要。

喜欢你的人，你怎样他们都喜欢，不必刻意去迁就和讨好。他们说话做事一定会照顾你的心情、考虑你的感受，不让你难堪和不安。和他们在一起，你可以大大方方地做自己。

不喜欢你的人，根本看不到你的退让和努力。你冷淡，他说你清高；你热情，他说你虚伪；你捧出真心，他说你是虚情假意。你做得再好他们也要挑刺。

不喜欢你的人，无论你怎么样，都入不了他的眼，合不了他的意。

人生短暂，不要去迎合任何人。珍惜爱自己的人，留不住的就随他去吧。不喜欢自己的人，没有必要去迁就。

从今天起，做一个不好相处的女人！

女人如果太好相处，得到的只会是自己的疲惫和他人的漠视，做个不好相处的女人，才有人敬畏。

当老好人，好的是别人，苦的是自己。

很多人习惯了去做一个体贴的人，却把握不好这个度，结果不知不觉就把自己变成了人们眼中的那种老好人。身边人有事没事都喜欢麻烦你，例如朋友之间领个快递、帮忙跑个腿，家庭里面大大小小的家务你全包，遇到各种情况也总是让你先退让。你对他们百般迁就，他们却对此习以为常，甚至不以为意，结果就是事情都让你做了，亏也让你全吃了。

要知道，好相处是一种美德，但太好相处的人，其实是好了别人，却苦了自己。

如果时时为他人考虑，忽视自己，那就活成了别人的附庸。这样的生活既虚伪又辛苦，更谈不上快乐幸福。一个人一味的退让和付出，只会招来别人的冷漠和轻视；过分的牺牲和忍让只会让身边的人越来越骄纵，却带不来任何感激之心。

该生气时生气，该拒绝时拒绝，有原则才有人爱。

太好相处的人，说好听点是体贴懂事，说难听点就是没性格、没原则。事事都顺着别人的意思来，事事都以别人为重。连自己都忽视自己、压抑自己，又如何能得到别人的尊重和爱？

所以，要做一个不那么好相处的女人，摆出自己的原则和底线，该发脾气的时候发脾气，该拒绝的时候果断拒绝，该争取的时候努力争取，该强硬的时候绝不忍让。让身边的人知道你的性格和原则，尊重你的利益和需求。

别担心这样会让某些人不太高兴，或是因此失去几个朋友。你没有责任取悦所有人，也不是所有人都值得成为朋友。亮出你的个性，坚持你的原则，最后一定会吸引到真正爱你、尊敬你的朋友和爱人。

从今天起，做一个不好相处的女人。

不做“刺儿头”，更不做老好人。别再一头扎进家务里任劳任怨了，别再不懂拒绝别人了，也别再压抑自己、忽视自己了。不愿意、不高兴、不满意，你要大胆地表现出来，让身边的人意识到你的重要性，给身边的人一个疼爱你的机会。

从今天起，去做个不好相处的女人，活出自己的性格，过好自己的痛快人生。

做女人，一定要舍得

有一个守财奴背着一麻袋的金子坐船过河。途中遇到疾风大浪而翻了船，船夫劝他丢掉金子保命，但这个守财奴却不舍得扔掉自己的金银财宝。结果可想而知，他不舍得放弃，沉水溺死了。如果他能把身上重重的包袱舍去，他便能保住性命。

舍得舍得，有舍有得，不舍不得，大舍大得，小舍小得。作为女人，尤其要学会舍得。

女人，要舍得在自己身上花时间。

有多少女人宁愿将自己的时间花费在接送孩子、打扫家务上，也不愿意花点时间去美容院敷敷面膜，去健身房锻炼身体，去电影院看场电影？

长此以往，她们慢慢失去了少女的纯真浪漫，变得世俗精明。她们将家庭放在第一位，却忽视了自己。这样的女人，虽然有着勤俭持家的美德，但也是可悲的。她们失去了自己的生活，整天围着家庭忙碌，最终在时间的流逝中慢慢苍老。

女人，一定要舍得在自己身上花时间：定期去美容院保养自己的皮肤；报个健身班，有空的时候多锻炼；下班后和好友相约小聚……

女人，不要将全部的时间耗费在家庭中，要舍得把时间花在提升自己上，多出来走走。当你舍得在自己身上花时间的时候，你会发现自己变得充满魅力，你的家人也会为你的改变而欣喜。

女人，要舍得在自己身上花钱。

“SK-Ⅱ用着感觉是挺好的，就是好贵哦。我还是将就着家里的大宝用用吧。”

“鞋子和包包都好好看，就是价格有点高。我家里的那个还能用，先将就着用用吧，过段时间再买。”

每次逛街的时候听到女人这样说，都会为她们心疼。她们明明在结婚前还是千娇百媚的大小姐，却在结婚后为了家庭，不舍得在自己身上花钱。殊不知，俗话说得好：“女人保养是老样子，不保养就是样子老。”

你舍不得在自己的脸上下功夫，你就会被岁月熬成黄脸婆，等你感到后悔，也已经追悔莫及了。包包也是，家里的也许是还能用，但是它们早已经失去了刚买回来时鲜艳的颜色，黯淡的光泽和松垮的肩带都在提醒你，你该换一个包了。可是你却因为舍不得在自己身上花钱，仍然用着那个土到掉渣的包。这样的你整个人看上去毫无新意。

女人，一定要舍得为自己花钱。舍得为自己花钱的女人懂得享受生活，她们的生活丰富多彩，永远都不会局限在家庭这个小圈子里；舍得为自己花钱的女人懂得重视自己，她们总是充满着生活的动力，将自己的每一天过得精致又充实。

女人，要舍得放弃不值得留恋的感情。

女人都是感性的，一段真心的、来之不易的感情，女人们往往都不舍得放弃，总是想着也许再坚持一段时间，一切都会变好。其实，无论是爱情还是友情，当感情已经到了岌岌可危的地步，你再怎么坚持，也只是在做无用之功。

当你知道你的爱人已经不爱你了，他的心已经不在你的身上了，若你仍不愿意放手，那么即使最终你保全了这段婚姻，得到的也只是一个虚无的空壳，内里早已腐朽。

女人，要舍得放弃已经不值得你留恋的感情。即使这段感情在它盛开的时候是那么的美好，一旦失去了留恋价值，放手才是最好的选择。

女人若想变得精致，变得出色，变得大气，就一定要舍得。当你掌握了舍得这门处世的学问，你就会发现自己的生活境界会比以前提升许多，变得更加充实有趣。

下一次，当你在商场里看见你喜欢的东西，不要因为舍不得而无奈路过，也不要等错过了才后悔。你要坚定地告诉自己，做女人，一定要舍得。

女人，一定要自己挣钱！

“女人要青春，要美丽，要遇见好男人，更要有钱才会幸福。”

最好的爱情不是你负责挣钱养家，我负责貌美如花，而是面包一起挣，幸福一起找。所以女人，一定要自己挣钱！

自己挣钱的女人，活得独立又自由。

能够自己挣钱，碰到喜欢的东西就可以买买买，完全不用看男人的脸色行事；想去的地方能够说走就走，不用在意花费的多少，只要自己开心就好；不爱的人能够说放手就放手，无需担心离开了对方，自己就没有了依靠。

男人很多时候都会说“我养你啊”，其实他们也只是说说而已。因为男人的钱也是辛辛苦苦挣来的，没有哪个男人真心喜欢只花钱而不会自己挣钱的女人。

自己挣钱的女人，会让另一半更优秀。

当女人经济独立时，她对男人的要求也会从平面上升到立体。男人除了要有对家庭的责任心，更重要的是要在事业中有上进心。

会自己挣钱的女人，能够在男人消极懒惰时激发他的好胜心，让他努力工作；在男人遇到困难麻烦时给出自己的建议，帮他渡过难关；在男人的事业蒸蒸日上时提醒他不要得意忘形，使他的心态稳定下来。

一个优秀男人的背后，往往会有一个自立自强的女人。会挣钱的女人既是男人生活中的贴心伴侣，更是男人事业上的好帮手。

自己挣钱的女人，永远底气十足。

自己挣钱的女人，活得霸气又自信，根本无需靠男人证明自己的价值，她结婚的理由只是我喜欢。

女人的底气永远是自己给自己的，有底气的女人在爱情里，不会因为他没及时回复信息就患得患失，不会因为他老说自己忙就猜东猜西，更不会看见他和别的女人一起吃饭聊天就疑神疑鬼。

都说女人如花，那些依靠别人的女人只能算是温室里的小花，经不起风吹雨打，轻易便会夭折；而那些会自己挣钱的女人才是依靠自己生长的铿锵玫瑰，立土中而生根，迎微风而傲立。

女人越狠，越幸福

没有哪个女人不渴望幸福，那么，什么样的女人才能获得幸福呢?

只有对自己狠点的女人，幸福才会拥抱她。

狠女人因为懂得自律，才能拥有更好的生活。

屠格涅夫曾说：“你想成为幸福的人吗？但愿你首先学会吃得起苦。”

每一个拥有幸福的女人，都曾是吃过苦、受过罪，对自己能下狠心的人。而懂得自律的女人向来都对自己比较狠心，但她们也因自律获得了想要的幸福，过上了更好的生活。

为了在镜头面前显得身材更完美、脸蛋更精致、气质更绝佳，女明星不知在背后为此付出了多少汗水。因为工作需要，她们得严格控制体重，所以在各种美食面前，都不能大快朵颐，要么吃一点，要么只看不吃。此外，为了在工作时保持良好的精神状态，哪怕再累再忙，她们都要抽时间去健身房做大量的运动。

正因为她们懂得自律，所以才能凭借自身的条件和本事赚到更多的钱，赢得更多的鲜花和掌声，过上普通人无法企及的生活。

狠女人因为懂得拒绝，能够避免更多的烦恼。

三毛曾说："不要害怕拒绝他人，如果自己的理由出于正当。"

要知道，一个不懂拒绝的人活得往往比别人累得多。所以作为女人，有时你需要狠心一点，学会对那些常常让你做这做那的人说不，否则麻烦就会一件接着一件地被抛到你的面前，让你不堪其扰。

若爱人想让你在家做家庭主妇而你又不愿意，你就干脆拒绝他的要求，免得日后遭他嫌弃，夫妻关系也越来越疏远；若你不想跟公婆同住，也请直接拒绝他们，否则时间久了被各种矛盾消磨耐心，影响家庭和睦；若你在孩子的教育理念方面与父母有分歧，就跟他们表达你的想法，相互讨论，一起解决问题。

总之，能拒绝的事尽量狠心拒绝，这样才能让自己远离麻烦。

狠女人因为敢放手，才能活得轻松自在。

有些女人对男人总有一万个不放心，男人出去应酬，她担心他喝多了，左一个电话右一个电话提醒他少喝酒、早回家；她偶尔出门，担心男人在家吃不好，还要提前给他备好食物；男人经常晚归，她又想着男人在外是不是有人了，整日胡思乱想。这样的女人整个心思都放在了男人的身上，活得实在太累。

与此相反，某些女人就不会时时管着男人，反而给他空间。毕竟不需要你管的男人，走到哪儿都会让你放心；要你管的男人，你就是想管也管不住。所以，在婚姻生活中，要懂得对男人适当放手，你才能活得更轻松、更自在。

女人有时间多想想自己、爱惜自己，才能抓住幸福。

气质，才是一个女人最好的名牌！

有人说，当一个女人不漂亮时，就夸她有气质；连气质也没有，就夸她可爱；如果既不漂亮也没气质，甚至并不可爱，那就夸她善良。

可见在很多人眼里漂亮远比气质重要，但实际上，样貌早晚会随着岁月的流失慢慢老去，气质却永远不会败给时间。气质，才是一个女人最好的名牌。

有气质的女人，从容而优雅。

著名的时装设计师夏奈尔曾说过：“当你穿得邋里邋遢时，人们注意的是你的衣服；当你穿着无懈可击时，人们注意的是你。”

有气质的女人，不一定会用多么奢侈的化妆品，穿多么昂贵的衣服，背多么大牌的包包。不管生活多么不如意，她的衣着打扮始终是得体的，不马虎不敷衍，从容而优雅。

老上海永安百货的四小姐郭婉莹是一名货真价实的贵族，聪明美貌，衣食住行均是不俗。后来遭遇时代变革和家庭变故，被下放到农村养猪。即便是去刷马桶，她也穿着优雅的旗袍。生活的磨难迫使她不再弹琴唱歌，也不再佩戴首饰，但是她每一次出门，身上的衣服都是熨帖板正的，还会把一头银色的短发卷得规整有序。

说到底，气质和你有没有钱没有半点关系，关键在于你是不是不管遭遇何种境遇，都能从容优雅地去面对生活。

有气质的女人，懂得尊重别人。

人这一辈子，尊重比自己厉害的人容易，难的是尊重不如自己的人。很多人也许是因为运气好一点，日子过得比别人轻松，内心便渐渐膨胀起来，常常看不起身边的人，觉得他们土、没气质。他们的眼睛只会往上看，不会往下看。

而真正有气质的人，眼睛里能看到每一个人，接人待物时，从来不会觉得自己低人一头，也不会把自己放在高人一等的位置上。她不会在名望地位比自己高的人面前阿谀奉承，也不会轻视扫地阿姨。

很多时候，尊重别人其实就是尊重自己。一个不会尊重别人的人，哪怕说一千遍自己多么有气质，也不会有人信服。说到底，气质从来不是自己说出来的，而是从自己一点一滴的行为中慢慢积淀出来的。

有气质的女人，对感情拿得起放得下。

人必先自爱，而后人爱之。在《欢乐颂2》中，邱莹莹失恋之后，每天不停地刷应勤的微博主页和微信朋友圈。在知道应勤要去客运站接新女朋友后，她半夜起床去客运站等着。那么冷的天，她坐在地上等了一夜。第二天早上，应勤见了她却连一句话也没说就走了。邱莹莹的付出只是在伤害自己，在应勤的眼里根本不值一提。

很多姑娘在恋爱时把自己整个投了进去，失恋的时候便很难走出来，有时候甚至会为了引起对方的注意而做出伤害自己的事情。这样的姿态，实在是卑微。

真正有气质的女人，对待感情从来不会有过多的纠结，爱的时候大胆爱，即使分开了，伤心难过一阵子，也不会死缠烂打，拿得起，也放得下。

气质和你付出多少没关系，重要的是你能不能承受付出之后的惨淡收场，疼过痛过之后擦擦眼泪潇洒转身，而不是伤害自己。

气质是一个女人一生的必修课，做个有气质的女人，即便到了七老八十，容貌凋零，依然美得让人着迷。

好好说话，真的很重要！

说话，是你给他人留下第一印象的方式。

生活中有些人虽然其貌不扬，但一开口，就能让人好感倍增。

也有些人即使外表出众，但一开口，聊不过三句便让人觉得难受，进而对他印象大打折扣。

说话不单单局限于声音本身的音色音调，更重要的还在于其内容体现出的内在修养。

话语所包含的内容，传递的思想，决定了听者对你内在的评价和看法。所以说话是门艺术，能为你博取好的第一印象。

好好说话真的很重要，让别人愿意听你说话，乐于听你说话，带给别人舒适感和愉悦感，利人利己，何乐而不为呢？

好好说话，不要做虚伪之人。

虚伪之人，过于世故圆滑，擅长阿谀奉承，什么大话空话、甜言蜜语都能信手拈来。你与他交流时感受不到一点真心实意，他说的每一句话都让你真假难辨，不知该不该相信。

他们看似在人际圈子里混得如鱼得水，其实得不到一点好处，因为他们满口谎言，别人也不会轻易对他们说什么心里话。

他们在别人眼中，永远都带着一副假面具，除非先撤下面具，否则别人永远都不会对他们打开真心。

好好说话，不要做口无遮拦之人。

他们总是滔滔不绝，高谈阔论，似乎有说不完的话，看似很会聊天，但其实是哗众取宠；

他们的表现欲太重，丝毫不考虑对方是否愿意听，也完全不在乎对方是否有兴趣；

他们只注重自己内心的所知所感，一股脑地把它们倾泻出来，让听者不是享受信息，而是接受信息轰炸。

除此之外，此类人往往守不住秘密，别人通常也不会与其深聊。

说话，要考虑对方的感受。

其实对于说话，所有的方法与技巧最终都可以归结为一点：懂得考虑对方的感受。

相信看过《奇葩说》的人都会为蔡康永的说话之道所征服，同样的道理，从他嘴里说出来，就变得格外的温暖、好听和沁人心脾，让人真切地感受到言语带来的美妙。

聊天本就是两个人之间的互动，切忌限制自己的思维，将自己囚禁在自己的想法之中。只有懂得互相理解和换位思考，适时约束自己，才能让他人为之折服，获得真正良好的人际关系。

对于那些不会说话的人，最幼稚的狡辩就是“我就是这样说话的，我性格就是这样”。

想怎么说话就怎么说话的人最无知。这不是耿直，是对他人的不尊重，对自己的放任自流。

请珍惜每一次交流的机会，好好说话。

这样说话的人，不要深交

很多时候，我们会善良地以为一个人说话难听只是因为他心直口快，一个人满嘴负能量只是因为他日子过得不顺。

其实，在交谈之中让对方觉得舒服是一个人最基本的修养。

说话往往最能看出一个人的人品。如果身边的人说的话会让你感到极为不适，那就不要深交了。

说话难听的人，不要深交。

你身边是不是有这样的人：

你追电视剧追得正开心，她跑过来“啧啧”两声就开始说：“你怎么看这些东西，这是给傻子看的，又没营养又浪费时间。别看了、别看了。”

你买了件新衣服刚穿出门，她瞟了两眼就开始问：“你这衣服多少钱买的？哎呀买贵了，真的不好看，浪费呀！”

她总会在你兴高采烈的时候泼你冷水，在你开心愉悦的时候坏你心情，口无遮拦，出口伤人，还不自知。

可别把一个人说话难听当作性子直、不会说话。说话难听，一次两次还可以理解成心直口快，如果次次如此，只能说明这个人情商低。

如果一个朋友在日常的交谈之中完全不照顾你的感受，甚至屡屡伤害你的感情，趁早对他敬而远之吧。

传播负能量的人，不要深交。

你身边是不是有这样的人：

她们一开口就是负能量，或是抱怨菜价涨了，或是抱怨今天公交车来得慢，晴天抱怨太阳太晒，雨天抱怨地上太湿。每一天都会发生很多事，但是从她们口中我们永远只能听到坏消息。

这样的朋友就像一台负能量传送机，每天把源源不断的坏消息、坏心情输送给你，自己过得不开心也就算了，还要搞砸你的生活。

每个人的生活都有不如意的地方，重要的是我们对待生活的态度。生活就像一面镜子，我们用什么表情去看它，它也就回报我们什么表情。如果我们用乐观的态度去对待，很多事情都会变得不一样。

一个成熟的人能做到沉淀不愉快，乐观地面对一切，一个真的对你好的人会向你传递微笑和正能量。一天到晚给你传输负能量的人，还是离他远一点吧。

没几句真话的人，不要深交。

你身边是不是有这样的人：

酷爱吹嘘，却常常露陷；做出承诺，基本不会兑现；当面说着一套，转头又是另外一套，满嘴跑火车，你简直不知道他话里能有几句是真的。

你永远都在纠结他哪句是真哪句是假。然而无论真假，一个总是欺骗、满口谎言的人，绝对没把你当朋友。

朋友之间，可以保留自己的小秘密，却不能有太多欺骗。有的人爱面子，有的人喜欢夸大，但这都不能成为说假话的理由。

一个人如果不肯袒露真心，那你也没有必要真心对待他。真诚是交往的基础，那种口中没几句真话的人，早看清早好。

话语展现一个人的性情，言谈展现一个人的品格。

愿你能仔细甄别，与善为伍。

做人，请嘴下留情

与人相处，靠的是心，不是嘴。好言一句三冬暖，恶语伤人六月寒。做人，重要的是心怀善意，嘴下留情。

嘴下留情，就是不在背后论人是非。

不传捕风捉影的谣言，不在背后议论别人的是非，是一种教养。正所谓祸从口出，管住嘴，守住心，少搬弄是非，少说多做。

有人议论只管听，不插嘴，不将其当作谈资说与别人，这不仅是对自身素质的要求，更是对他人的尊重。

谈人是非一时爽，造成的结果却往往伤人害己。总是在背后论人是非的人很难交到真心的朋友，因为不知道什么时候她就会在别人背后说人是非。

无论何时，都不要随意泄露他人的秘密，不要成为别人口中嚼人舌根的讨厌鬼。

嘴下留情，就是不戳人痛处。

“不就是开个玩笑嘛，你还当真了？”

“为了这点小事，干什么发这么大的脾气？”

“连个玩笑都开不起，小气。”

有些人总是把自己的快乐建立在别人的痛苦之上，打着开玩笑的旗号伤害别人。当别人表现出不悦的时候，不但不反思自己的过错，反而埋怨别人心眼小，这种人不是性格开朗玩得开，而是自私、心眼坏。

每个人都不愿意暴露自己的缺陷，让他人知道自己不愉快的往事。当这些事成为别人口中的谈资时，不亚于把结疤的伤口生生撕开，其中的痛苦只有自己知道。

嘴下留情，就是不把刻薄当耿直。

凡是以“我说句实在话……”“我说话难听，你别在意”“我性子直，也没啥坏心”开头的话，都不是什么好话。

耿直没感觉出来，刻薄却是实实在在的。

真正有修养的人，说话是含蓄的，就算是挑出你的缺点，也能让人如沐春风，心服口服。而那些打着“性子直”旗号的人，往往难听的话随口就说，不考虑时间地点和别人的心情。

自己舒服了，被说的人却尴尬得恨不得找个地洞钻进去，她还觉得自己品德高尚，别人应该感谢她。

耿直不代表刻薄，没坏心也不是你出口伤人的理由。

想好好做事，先学会好好做人。为人处世，愿你嘴下留情，不仅仅让别人感觉舒服，也是为自己积攒福气。

你的脾气，暴露了你的层次

一个人会为什么事情生气、有多大的脾气，不仅体现了一个人的性格，更体现了一个人的智慧和能力。

一个人的层次，就看他生气时的模样。

智慧越多，脾气越少。

越是聪明的人，脾气越少。因为他们明白，如果你是对的，你没必要发脾气。如果你是错的，你没资格发脾气。

若你是在理的那一方，摆事实讲道理就好，发脾气反而显得你没底气、脾气差，有理也变得没理。

若你是没理的那一方，低头服软才是应该的，发脾气只会显得你无理取闹，让身边的人觉得你不可理喻。

越是聪明的人，脾气越小。因为他们明白，发脾气这件事情除了伤人伤己，并不会有任何益处。

发火一时爽，发完火之后心中涌起的却是无尽的后悔与自责，接下来便是等待和解的煎熬。对于那些你爱的人，你不该用发火的刀子伤他；对于那些不爱你的人，你也不该用发火来伤害自己。

本事越大，脾气越小。

有句话说得好：上等人有本事没脾气，中等人有本事有脾气，下等人没本事大脾气。

越有本事的人，脾气越小。这世上，越是半桶水，晃得越是厉害。

真正有本事的人想的都是如何提高自己的能力，只有没本事的人，才老是看别人不顺眼、爱把气撒在别人身上。一个人如果能控制住脾气，生活中的其他事情自然也会顺畅许多。

其实所谓的强大，就是面对再多的麻烦事，也能心平气和地去面对。这样的人才能走得顺，走得远。

层次高的人，懂得控制自己的情绪。

不成熟的人，才动不动就因为一件小事大发雷霆。真正的直率是让人喜爱的真性情，而不是让人感到不舒服、随意向人发脾气。

每个人都会遇到不公或者让人不爽的事，但发脾气前请先冷静十秒。你会发现其实每个人都有自己的立场，每个人都有自己不容易的时候，任性与发脾气不仅不利于解决问题，还会把问题扩大，这个时候最好的解决办法就是让自己冷静下来。

不要小看那些脾气好的人。这样的人，不会因为一些鸡毛蒜皮的小事就暴跳如雷，也不会一遇到困难就怨天怨地。不拿别人的错误惩罚自己，不拿自己的不快影响别人。

脾气好的人，能沉得住气耐心做事，也能设身处地为别人着想。有同理心的人，能理解别人，也能让自己变得更好。

真正高层次的人都懂得，任世事变化，我自岿然不动；任人情复杂，我自宽宏仁厚。

越没本事的人，脾气越大！

脾气是一个人能力和修养的体现，本事越大的人，往往脾气越小。在遇到不顺心，碰到挫折，事与愿违时，有能力的人会对很多事情存有一份包容之心，冷静思考，寻找正确解决问题的方法。

一个人的修养有多高，品行有多好，并不在于他是否功成名就，而在于他遇到困难时处理事情的方式。不乱发脾气，不仅仅是对自己基本教养的要求，也是对他人最基本的尊重。

世间不如意事时有发生，能对你事事顺从的人，能完全符合你心意的事毕竟很少。你若计较，没有一样让你满意。心宽一寸，路宽一丈；心宽似海，风平浪静。笑看花开，宁静喜悦；静赏花落，随缘自在。

一个人成功并不是随随便便的，要控制自己的情绪，虚心接受别人的意见，学会从失败中总结经验，学会在困难中处理事情的方式。

爱发脾气的人总是对各种事情充满怨言，一不顺心，就破口大骂。他们总是想得到自己期待的一切，可是能力平平，每当欲望无法满足时，就任意宣泄自己的情绪，总觉得是世界对自己不公平，过完嘴瘾之后，一切也没有什么改变，得到的只是别人的侧目。

我们总会遇到一些人，为了鸡毛蒜皮的事情斤斤计较，只要受到一点委屈就要力争高下、寸步不让。结果到最后，他们得到的往往比失去的要多。如果能收敛自己的脾气，互相体谅对方，体谅世界，那么很多矛盾就不会产生。

王小波曾说，人的一切的痛苦，本质上都是对自己无能的愤怒。而内心强大的人，不会因外界丧失自我，丧失理智，越强大便越是克己。

有时候，看一个人能有多大的成就，就看他能多大程度地收敛自己的脾气。冲动会蒙蔽人的双眼，会让人做出一些无法挽回的事情。好的脾气是人成功路上最好的铠甲，任尔东西南北风，我自岿然不动。

有一次，周总理的理发师在给他刮胡须时，总理突然咳嗽了一声，刀子便不小心把他的脸刮破了。这时，理发师十分紧张，不知所措。过了一会儿，周总理并没有责怪他，反而和蔼地对他说："这并不怪你，我咳嗽前没有向你打招呼，你怎么知道我要动呢？”

一个人生气，就是在用别人的过错惩罚自己。职场中那些总是没有晋升的领导，脾气往往比董事长脾气还大，对自己的下属百般苛刻，只要出现错误，就大发雷霆，而不是找出症结，解决问题。

有本事的人，一直在努力提升自己的能力，而不是提升自己的脾气。

要想获得自己想要的成就，那就永远不要让你的脾气比你的本事大。

远离那些本事没有，还经常发脾气的人；多接触那些好脾气，又做成大事的人。你跟什么人在一起，你自己便会变成什么样的人。

会说话是修养，管住嘴是教养

“言而当，知也；默而当，亦知也。”语言最能暴露一个人，恰当的时候说话是智慧，沉默得恰当也是一种智慧。

说话，体现了一个人的教养。知道怎么说话，知道何时说话，知道不乱说话，是为人处世的基础。

不打断别人说话，这是一种教养。

会说话是一门学问，说话有分寸是一种教养，不轻易打断别人说话是一种礼貌，等人把话说完是社交礼仪中的基本素养。

谈论某个话题时，你正在阐述自己的想法，却被人从中拦截发表新的见解；或是当你兴冲冲地说着某件事情时，他人突然打断你，说自己听过。这种情况应该很多人都经历过，那种如鲠在喉的感觉，让人十分不舒服。

我们应该推己及人，耐心地听别人说话，听完他人的想法和观点之后再去发表自己的见解。会说话的人知道何时该保持沉默，不随便打断别人。

不知道的事情不乱说，这是一种涵养。

在这个谣言满天飞的时代，许多荒诞的故事都是从胡乱制造、胡乱传播开始的。舆论不知道伤害了多少无辜的人，我们可能都曾经是舆论的制造者、传播者或受害者。

克制自己，不知道的事情不说，体现的不仅是人的涵养，也体现了我们辨别是非的能力。不知道的事情还纵容自己乱说，是一种不负责的表现。

做一个有辨别力的人，不轻易被影响，遇事有自己的见解，对于不确定的事物，多去怀疑，但是保留看法，不胡说，不乱传。

言多必失，说得越多，说错的机会也就越多。对于我们不了解、不知道的事情，不去乱说，这是一种涵养。

说话周到，这是一种修养。

当他人处于困境或低谷时，一句善意的话语，会使人倍感温暖，而一句讽刺、挖苦、打击的话，哪怕是出于无心，也是对自尊心、自信心的摧残和伤害，让人羞愧和痛苦。

会说话的人，懂得换位思考。言语的杀伤力是巨大的，我们不能小觑。不要觉得自己随口说出来的话无伤大雅，尤其是对亲人朋友，伤人的话的杀伤力更是翻倍。与亲密的人相处，更要注意自己说话的方式。

说话前要先过脑，伤人的话别说，警醒的话圆润地说，暖心的话多说。能够考虑他人的感受，好好说话，不仅是一个人善于为人处世的表现，也是一种善良。

良言一句三冬暖，恶语伤人六月寒。别让嘴巴成为伤人的利器，把握好与人相处说话时的分寸，做一个能说、会说的人。

好好说话是一种教养

日子那么长，我们最在乎的，其实是一个人对我们的态度。和一个能好好说话的人沟通，或诉说、或倾听，都是一种温暖。

有教养就是当你走到一群人中间，你的行为恰当得体，让人感到愉悦。与人好好说话既能让人精神愉悦，又能消除与他人的壁垒，与之进行有效的情感交流。

好好说话，就是能顾及对方感受，尊重他人。

人和人相处，兵戎相见的时刻并不多，而小的摩擦却经常发生，很多时候就体现在不能好好说话上。

同事向你征求意见，你一句“你问我，我问谁呀”可能就破坏了你们之间的关系；

妻子问你话，你一句“没看我忙着吗”可能就会引起争吵；

父母叮嘱你几句，你不耐烦的一句“都说了八百遍了，耳朵都磨出茧了”可能就伤了老人们的心。

每个人都有心情不好的时候，这个时候就更需要好好说话了。因为这时候你的表情可能没有平时和善，语言生硬只会把你的负面情绪传递给别人。

人生在世说白了也就是和七八个人打交道，剩下的人也许只是点头之交。不好好说话伤害最多的就是你最亲密的人，他们也是最爱你的人。

好好说话就是能认真倾听，不随意，不打断。

所谓好好说话，其实也包括认真倾听。你说我听，我说你听，这才叫说话和沟通。

别人说话的时候，有些人总是低着头自顾自地玩手机，随便“嗯、啊”地应付别人，让朋友很扫兴；有的丈夫听妻子说话时总是心不在焉，等妻子发火了问他有没有在听时，他才重视起来；还有人听别人说话时总是插嘴，随意地打断别人。

“世界上最令人印象深刻的，是给予别人百分之百关注的人。”专注地聆听别人讲话，会让对方感受到自己很重要，会精神愉快，自然也会向你展现好的态度。

一个人能不能好好说话，决定了他值不值得交往。

判断一个人值不值得深交，就看他能不能好好说话。一个对服务员说话时态度不屑一顾的人，是一个傲慢无礼的人；一个对父母大呼小叫的人，是一个没有孝心、不懂体贴的人；一个总是随意插嘴、打断别人的人，是一个不顾及别人感受的人。

和一个好好说话的人交往，他的语言不必热烈动人，却能让人如沐春风；他的声调不必慷慨激昂，却能深入人心；他不需要长篇大论，却能以情动人。我们最在乎的其实是一个人对我们的态度。

一个人能不能好好说话，是有没有教养的最直接的体现。

你的脾气，就是你的运气

辛尼曾说：“好脾气宛如晴天，到处流放着光彩。”

好脾气于人而言一生受用，坏脾气则可能让你在生活中处处碰壁，甚至让你的世界一片灰暗。人生短暂，当然要努力向着阳光，多一些宽容和耐心，少一些脾气和暴戾。

少一些脾气，亲情才得偿还。

这个世界上，最爱你的人就是父母。为了你，他们可以付出一切，包括生命。可子女为他们做的却少之又少，甚至经常一副不耐烦的样子，动不动就冲他们发脾气。

父母老了，跟不上潮流，很多电子产品他们不会用，很多流行词汇他们不知道，很多你觉得极其简单的东西他们不理解，可每次问你的时候你都一脸不耐烦，没教两次脾气就上来了，埋怨他们太笨，这么简单都教不会。渐渐地，有什么事他们也不再找你了。

父母老了，对你越发依恋，总想多和你待一会儿，多说几句话亲近亲近，可每次你不是看手机敷衍地回两句，就是当作没听到。他们想再多说几句，你就怒火中烧，嫌弃他们话太多总粘着你。慢慢地，他们说话前就会先看看你的脸色，处处陪着小心，让人心酸。

有人说，父母在，人生尚有来处；双亲去，此生只剩归途。趁他们还健在的时候，尽可能对他们好一点，少发一些脾气吧，多一些耐心和陪伴，别等到将来让自己后悔。

少一些脾气，友情才能长青。

不知从什么时候开始，身边的很多朋友都不见了。有些人是因为要走的路不同而选择分道扬镳了，还有些人却是被你的坏脾气赶走的。

芝麻大点的事情不合心意，就要不依不饶，活像对方犯了什么不可饶恕的错似的；心情不好了，说不理人就不理人，搞得对方很尴尬；吵起架来嘴上更是没遮没拦，怎么伤人怎么说。

因为是朋友，反而无所顾忌，脾气越来越大，从来没想过会带给他们多大的伤害。可每个人都有自己的底线，再好的朋友也没有义务承受你随时随地都有可能爆发的怒火。

交朋友不难，难的是做一辈子的朋友。感情越是深厚和真挚，越应该明白在适当的时候控制自己的情绪。学会理解和退让，在关键的时候咽下不该说的话，别让自己最后成了真正的孤家寡人。

少一些脾气，爱情才会常伴。

现实中每个人对另一半的选择标准或许各有不同，但不管是男人还是女人，是年轻还是年老，都不会选一个整天乱发脾气的对象。

生活不易，男人在外打拼已经很累了，回到家后只想放松地和你待会儿，而不是一句话不对就惹得你摔盘子砸碗，过得胆战心惊；而女人既要上班又要照顾家庭和孩子，心力交瘁，只希望你能多一些体贴和温柔，而不是脾气火爆，在家作威作福。

这个世界真正能打败我们的不是冰冷，而是温暖；能让另一半死心塌地的也不是火气，而是温柔。脾气越暴躁，感情只会越疏远，不管当初多么相爱的两个人，到最后也只剩下相看两厌。对爱人多一点温言软语、少一点脾气吧，那是想牵手走一辈子的人，别让他中途后悔。

很多时候，你的脾气就是你的运气。脾气好的人，父母安康，夫妻和睦，朋友环绕，幸福美满；脾气差的人，与父母隔阂，与爱人离散，与朋友断交，一世孤单。

愿你少一点脾气，以后的生活时时是晴天，处处是光芒！

你在饭桌上的教养，决定了我要不要和你交往

火锅是扼杀友谊的利器。

那个深冬的晚上，和几个朋友约了去吃火锅。好久不见，场面有些冷，大家静静地吃着自己碗里的菜。

突然，一个朋友把自己咬了一口的肉丸“咻”地一下扔回了火锅汤里。

所有人的目光都聚集到了一起，看着那颗丸子被抛出，划过一条低低的抛物线，“咚”的一声落入汤里。

然后，你看看我，我看看你，再一起看看始作俑者，默默地低下头吃饭。

那人说了一句：“干什么呢，那颗丸子没熟，放回去再煮一下。”

桌上一片死寂，所有人的脑子里只有一个想法：以后再也不和这家伙一起吃火锅了！

最可怕的是，这还不是偶然事故，吃饭的“车祸现场”简直多得惨不忍睹。

你有没有遇到过这样的场面，当你终于等到转盘转到面前，满心欢喜地想夹眼前这盘美味的菜肴时，朋友立马就把转盘转走了。他夹到了想吃的菜心满意足，你却只能心里默默流泪地看着他。

还有些朋友，他嘴里含着饭，牙齿在咀嚼着食物，却还使劲地张嘴用力地对着你说话。你仿佛看到了空气中有些不明物体被喷出，浇洒在你脸上。

再如你寻思着吃哪道菜时，眼前惊现一双快速划过的筷子，然后在菜盘里翻来搅去，翻完这盘翻那盘。此盘佳肴怎敌他碗来筷急。

眼前是满桌好菜，但对面的人一脸愁容，唉声叹气。看着这张脸，面前的美食也变得没有了吸引力。

和诸如此类的朋友约饭，结局只能是不欢而散。

最初只想着朋友之间好久不见，是时候吃顿饭交流一下感情，聊聊大家近期状况。本来应是一副和乐融融的画面，但因为一个举动，全盘尽毁。

有些人觉得朋友之间本该无拘无束，很享受和朋友约饭时的肆无忌惮，不仅话可以乱说，吃相也甚是难看。

但真正的教养，并不在于遵守别人规定的条条框框，而是你如何在吃得舒心的同时，又不影响别人。

朋友之间应该无拘无束，但不该肆无忌惮。

如果每次吃饭都是这种场面，我不会再和这个朋友深入的交往下去。因为，他不值得。

第一，这个朋友本质上是一个自私的人。

大家都已经成年，这些饭桌上的礼仪不会不懂，即使有些不清楚，当他的行为让别人难受时，旁边的朋友也会提醒。但他仍然乐意吃饭吧唧嘴，把丸子扔回火锅汤里，用筷子翻动菜盘，明明知道自己的朋友们不喜欢，却还继续做着他们不喜欢的事。

这样的朋友是自私的，他不愿意考虑别人的感受。自私的人，不适合深交。

第二，这个朋友并不那么重视你们的友谊。

试问，如果他是在和男神或女神一起吃饭，会这么不礼貌吗？和老板吃饭会吗？和客户吃饭也会吗？

并不会。

在重要的人的面前，他不愿意做一丝一毫令对方不愉快的事，但对着他的朋友，他却可以冷漠地忽视他们的感受，孰轻孰重，一眼可见。

第三，这个朋友情商低，以后的路很可能不会走太远。

有人可能会觉得，好朋友聚会不应该讲究太多，否则就显得生疏了。但这，恰恰是情商低的表现。

一个情商高的人，即使是在好朋友的聚会上，也不会在餐桌上做出不恰当的行为。

因为他们知道，这样的不礼貌，只会拉远朋友之间的距离，慢慢让自己失去知心的朋友。任何一个正常人，都不会喜欢接近让自己不开心、总是忽略自己感受的人。

情商低的人往往会忽略人际交往中的细节，饭桌上的随意之举，让他那一刻开心了，却也损害他了在朋友心中的形象。

不论是职场还是生活，情商低的人往往在开始时便关闭了人际交往的大门，束缚了自己的前途和发展。

你在饭桌上的教养，决定了我要不要跟你深入交往。很多时候，餐桌上的礼仪会严重影响你的人际关系。

我们有个习惯，喜欢在饭桌上谈事。

此时饭局就变成了一个既严肃又轻松的场合。一次饭局，可以看出这个人的能力和品性。吃饭吃得开心了，达成合作就是水到渠成的事。

可见，吃饭这件小事实际上是非常重要的，尤其是日常的朋友聚餐。

吃饭姿势不对，可能就扼杀了和朋友进一步交流的机会。你的人际关系，也许就是在这样的细节里慢慢流逝的。

梁实秋先生曾写过一篇文章叫作《吃相》，讲述他的一个外国朋友某次吃饭，听到隔壁砰砰作响，打听之下才知道，原来是隔壁桌的客人吐骨头时发出的声音。

饭店的拿手菜是糖醋排骨，客人捧场的方式便是把骨头往外喷吐，你吐我也吐，把壁板吐得砰砰作响。但在这位外国朋友心里留下的印象就不那么美好了，从此以后，他便以为中国风俗皆如此。

我们可以选择一个更加自在的方式吃饭，但别忘了，互相尊重，才是一切交往的前提。

谈钱，最能看出一个人的人品

很多关系是这样走到头的：借钱不成，于是看透人心，不再来往；或者是借到了钱，却迟迟不还，于是撕破了脸皮。

在这个世界上，谁也离不开钱，谁也不能不谈钱。谈钱，最能看出一个人的人品。

感情真不真，借一次钱就知道了。

平常总说感情多好多深，交情多铁多真，那借一次钱试试？要知道，没共患难过的感情都是纸糊的窗户，一捅就破。

借钱，最能看出一个人的真心。不涉及自身利益的时候，场面话谁都会说。然而只有真遇到事儿，你才能看出谁是真心对你。有些人，只能同甘却不能共苦。真正的朋友，不是那个陪你在巅峰欢呼的人，而是那个愿意在谷底向你伸出援手的人。

那些愿意借钱给你的人，对你最真心。在他的心里，金钱没有朋友重要，更没有感情重要。朋友遇了难事，他不会视若无睹，更不会落井下石，而是会真心相助。这样的人，值得一辈子的深交。

那些有事没事就找人借钱的人，是扶不起的阿斗。俗话说，借急不借穷。没有人有义务满足你无尽的索取。那些明明可以自力更生却不思进取的人，越早远离越好。

人品好不好，还个钱就知道了。

如果说借钱考验的是人心，那么还钱则最暴露人品。

还钱，是一个人的基本修养，而主动还钱，则是一个人的顶级修养。还钱，关系到的是一个人的诚信问题。不占便宜，不忘恩负义，不让真心帮你的人陷入尴尬为难的境地，这才能算得上是一个人品合格的人。

钱，要有借有还，情，要有来有往，我们才算不失了自己的良心，不辜负别人的善意，这段关系也才能健康地运转下去。现在，很多欠钱的人成了大爷，借钱的人反而战战兢兢，道德的怪相令人叹息。

那些按时还钱、主动还钱的人，他们懂得信守承诺，人品自然也不会差。这样的人，才值得去帮助、去交往。那些一提到还钱就冒出百般借口蓄意推脱的人，不如早点断了联系。

钱，是感情的照妖镜，也是人品的试金石。

人们总说谈钱伤感情，殊不知，不谈钱更伤感情。钱是我们每个人生活中必不可少的事物，两个人在一起，怎么可能不跟钱打交道?

刻意地不去谈钱，只会埋下矛盾的祸根，只有摊开了、讲明白，处理好金钱关系，一段交情才能走得长远，才能得到稳固。

谈钱不伤感情，用钱看清楚一个人才是聪明人的做法。珍惜那些慷慨出手的真朋友，了断那些虚情假意、言而无信的假交情，你的生活会更有智慧。

在你的心上赏月

月儿圆圆，风儿甜甜。佳期如梦，我想陪你一年又一年。

找一个，懂你的人

当你受了委屈，全世界都不理解你、不信任你时，他却站出来说“没事的，我相信你”，那么他是懂你的。

当你心情不爽、工作不顺时，周围的人幸灾乐祸的表情刺痛了你；你感觉全世界都抛弃了你，只有他默默地站在你的身旁。如果你说出来，他会静静地听，然后安慰你、给你分析利弊；如果你不想说，那么他就那样默默地陪着你，让你知道你还有他。

当你开心得大叫、幸福得直跳的时候，有的人带着一副看“疯子”的表情鄙视你，只有他，不在乎形象地陪你大叫大闹。

懂你的人是什么样的？他懂你的幸福、快乐，也懂你的委屈、不易。

在乎你的人，并不一定懂你；但懂你的人，一定在乎你。因为在乎你的人想要分享你的快乐，分担你的哀愁，他会试着去了解你、关心你。

你身边也许有一些人，他会陪着你笑、陪着你闹，陪着你喝酒、陪着你浇愁；但当你真正伤心手足无措时，他并不知道，就算知道了也无能为力。这样的人，不是真正的懂你。

真正懂你的人，知道你什么时候是真开心，什么时候是强颜欢笑。有时候你明明笑得特别灿烂，其实心底早已被眼泪洗刷，别人还以为你很高兴，但真正懂你的人，他明白你的委屈。

真正懂你的人，知道什么时候该陪着你大笑大闹，什么时候只要默默陪伴着就好，以及什么时候你只是想一个人静静地待着。因为有的哀愁需要有人分担，有些寂寞需要有人陪伴，而有些伤口只能独自舔舐。

真正懂你的人，你的一句话、一个动作甚至是一个眼神，他就明白你的所有情绪。而不懂你的人，你解释得再多，也是徒劳。

那些整天说爱你、在乎你，但你说什么他都不认同，讲什么他都不理解，解释了半天都不在同一个频道上的人，并不是真的爱你、在乎你，只是表面如此而已。

人这一辈子，真正懂你的人不多。不在乎你的人根本不屑于去了解你，更别谈懂你了。无论家人、朋友还是爱人，懂你的人，都是真心对你好的人。

请珍惜那个懂你的人吧，因为那才是真正对你好的人！

我想陪你一年又一年

月儿圆圆，风儿甜甜。佳期如梦，我想陪你一年又一年。

幸福是什么？幸福是父母安康，心境开朗。

父母为孩子操劳一生，子欲养而亲不待是孩子最大的悲伤。在我们成家立业后，父母仍健在，给我们机会孝顺回报他们，就是一种幸福。

幸福是什么？幸福是爱人在身边，不离不弃。

不羡慕别人富贵，只追求平平安安。不指望穿金戴银，只希望日夜陪伴。我们都是平凡人，不妄想轰轰烈烈的人生，安安静静的幸福就很好。爱人不需要有多大权、挣多少钱，知冷知热、一心一意，就是最好。

幸福是什么？幸福是工作开心，遇见的每个问题都能解决。

每个人都会遇到坎，人生的每个阶段都有自己的难题。一帆风顺的人生总是很少。不管我们遇到什么风雨，只要用心能找到办法解决，都是人生宝贵的经历。

那些怎么也不能破解的难题，不妨先放一放。人生苦短，别太钻牛角尖。人要找到自己擅长做的事情，也要勇于承认自己并不擅长的部分。

幸福是人生每一天平凡的快乐，幸福是我们用知足的心态迎接的每一天。世界这么大，家人在侧，爱人在旁，分享快乐点滴，共度风雨时分……就是最美的时光。

人生不需要造就多大的传奇，守住了每一刻真实的幸福，就是赢家。

为什么两个人在一起久了，越过越没意思？

经常有人痛苦地问我：曾经爱得死去活来的两个人，为什么结婚后日子却越过越没意思，甚至都觉得过不下去了？

归根结底，不过是因为对对方腻了，就像再怎么喜欢吃一道菜，每天吃也会腻烦。

务实越来越多，浪漫越来越少。

婚前，两个人张口闭口都是无限深情的“我爱你”；婚后，一切都开始向“钱”看，三句话不离怎么多赚点钱，怎么还房贷、付养车费、交水电费……

婚前，女人过节一定要有花才行，礼物越贵越好；婚后，别说贵重的礼物，就连情人节男人买束花她都会觉得是乱花钱。

婚前，吃饭一般都去餐馆，还要是比较有气氛的那种，没事还会去咖啡馆喝喝咖啡；婚后，能在家里吃的绝不去外面吃，去咖啡馆？钱多得没处花了？

柴米油盐的日子固然温馨，可如果终日被油烟浸着，也难免会生出污垢，失了光泽。婚姻需要一点调剂，当务实越来越多，浪漫越来越少，日子就会过得越来越没有仪式感，越来越随便。当生活中的一切都要为钱让路，再深的感情也扛不住这么消磨。

互不理解，越来越没话说。

女人觉得爱就应该一天二十四小时都黏在一起，而男人则觉得再爱也要有空间，所以男人总是抱怨女人管束自己太多，让他不能做自己想做的事，女人则总是生气男人陪自己时间太少，不在乎自己。两个人互相不理解，心里的疙瘩越来愈多，距离越来越远。

女人感情细腻，喜欢絮叨一些生活琐事，说给身边的男人听，可男人最讨厌听这些鸡毛蒜皮的小事，所以经常听不了几句就不耐烦了；而男人喜欢和女人讨论今天又出了什么新闻，昨天他喜欢的哪支球队又赢了比赛，女人却不喜欢听，没听两句就甩手走人了。两厢对牛弹琴，你说的东西我不感兴趣，你讲的事情我不爱听，两个人越来越说不到一起。

理解和沟通是一段感情最重要的维系方法。如果两个人总是顽固地抱守着自己的想法，不肯为对方做出一点让步，那心和心也就远了。当话越来越少时，日子就只剩下日复一日冰冷的沉默，还有什么劲?

婚前看对方的眼神充满爱，婚后看对方的眼神却都带着刺。

婚前，两个人看对方是“情人眼里出西施”，怎么看怎么好；婚后，两个人的缺点和不足全部暴露出来了，当初彼此心里的男神女神瞬间被拉下神坛，开始盯着对方的缺点看。

女人抱怨男人不讲卫生，男人抱怨女人有洁癖；女人嫌弃男人不如隔壁邻居会哄老婆，男人回敬女人不如隔壁邻居温柔。

两个人看对方的眼睛里都带着刺，整日数落着对方的缺点和不是，都觉得自己受了蒙骗，对方并不像以前认为的那样好。于是怨念丛生，处处挑刺，日子越过越没劲，越过越伤感情。

对彼此的身体没了新鲜感，夫妻生活更像是例行公事。

两个人在一起时间久了，越来越不注意在对方面前的形象。女人披散着头发素面朝天，男人大着肚腩油光满面，没有半点美感和神秘感，不要说产生欲望，有些甚至都不想多看对方一眼。摸对方的手时，就像左手摸右手，已经没有了什么感觉。

夫妻生活在婚姻关系中至关重要，和谐的性生活是长久良好的婚姻的保证。情到深处，自然想耳鬓厮磨，拥抱亲吻都是爱意绵绵。如果彼此在最亲密的时刻心里都没有半分波澜，生活就更加没有激情了。

婚姻生活中确实会遇到许多问题，会腻味也会厌烦，所以我们要学会调剂：不时地为对方买上一束鲜花，偶尔去看看电影，吃一顿烛光晚餐，多看看对方的优点，平心静气地说几句心里话。不管在一起多久，都不要太随便。

两个人走到一起，风风雨雨那么多年不容易，本来是奔着白头偕老一辈子去的，不要走到半路就放弃了。

希望我们都能不忘初心，珍惜身边的那个人，与他执手百年，深情依旧。

真正爱你的男人，都特别“花”

在《爱情保卫战》中，涂磊说过这样一句话：“疼老婆是男人的义务，希望男人都只做一个女人的花花公子：对她花时间，花心思……”

真正爱你的男人，舍得给你花钱。

很多人认为，把爱情和钱联系在一起，就是玷污了爱情。爱情怎么能用物质衡量呢？可是，没有物质的爱情真的就能幸福吗？连钱都舍不得给你花的男人，你又能指望他有多爱你呢？

谈钱这件事，并不是因为女人物质，而是女人想看男人是否愿意为自己付出。她们不需要你大富大贵，花很多很多钱，只是想要你在你的能力范围之内，时不时地满足她的一点小愿望，给她一些惊喜。

众所周知，香港歌手陈奕迅的妻子经常买各种奢侈品，花钱大手大脚，被网友指“太没眼光，十分败家”。大家都认为他们之间的婚姻不会长久，可是陈奕迅却回应说：“赚钱就是给老婆花的，只要她高兴就好。”

宠你，爱你，才愿意给你花钱，哄你开心。

真正爱你的男人，愿意为你花时间。

陪伴是最长情的告白，当你花时间去陪伴她时，你会发现女人的心是柔软的，很容易就被打动。

女人最需要男人的时候，就是在她们伤心无助的时候。她们希望有一个爱她的男人，一个可以依靠的肩膀：你在我的身边，就能让我感到温暖；不需要你为我赴汤蹈火，只要我在呼唤你的时候，回应我一句“我在”而已。

爱你的男人不会感到不耐烦，不会以工作为借口来敷衍你。很多人在感情出现问题或另一半抱怨对方不关心自己时，都会说“我工作那么忙，她为什么就不能体谅我一下”。可是真的忙到连问候与关心的时间都没有吗？

她不需要你时时刻刻的陪伴，可是却无法忍受你没有把她放在心上。没有时间的爱情或婚姻，永远无法让两个人一直走下去。一生那么长，要找一个能陪你一辈子的人。

真正爱你的男人，愿意为你花心思。

男人对女人的爱，不应该只是用嘴说说而已，而是要用心。

女人的心都是十分敏感的，一个男人是否爱你，从细节处就可以知道。下班晚了，不管忙不忙都会来接你回家；你生病或者有一点不舒服时，会敏锐地察觉到并为你准备好药；知道你喜欢看的电影，不喜欢吃的东西，格外中意的饰品……

选择了一个什么样的男人，你就选择了什么样的生活。不爱你的男人，不会思考你是否开心，不关心你的生活、你的工作，你永远都不能成为他生活的重心、心中的唯一。

相爱容易相处难，婚姻需要花心思去经营，需要用心去发现和感知对方。结婚后，两个人在一起过日子，靠的不是曾经的海誓山盟和美丽的皮囊，而是相知相依，互相付出。

真正爱你的男人，会把更多的注意力放在你的身上。他会花心思了解你，爱你所爱，喜你所喜。

愿你找到一个独属于你的“花花公子”，一辈子开心畅怀。

再好的感情，也会死于这三件事

有些感情散了，是因为缘分尽了，而有些感情散了，是因为走的路错了。

再好的关系，都需要好好经营，不然，也会死于这三件事。

再好的感情，也会死于不会谈钱。

人与人之间最尴尬的场景，谈钱绝对是其中之一。

借钱时，一方战战兢兢，好说歹说；一方冷冷淡淡，推三阻四。

还钱时，一方或是忘了，或是故意不还，仿佛无事发生；一方问了怕显得自己小气，不问又不甘心自己吃哑巴亏，进也不是，退也不是。

借钱不成的，难免心灰意冷；被借钱不还的，更不禁心存忌惮。

这样的事情，一次两次还好，次数多了，感情再好也要心生芥蒂。

老话说谈钱伤感情，事实却是不会谈钱更伤感情。人与人之间应酬交往，钱是一个无法回避的话题。帮同事解个难，替朋友垫个单，本是关系熟络的表现，是支持和信任的象征，处理不好反而让朋友寒心，让感情降温。

毕竟，谁会愿意和一个遇事不愿意帮自己的人继续做朋友，谁又会喜欢和一个总占自己便宜的人长久交往?

为朋友慷慨解囊，是一种仗义，否则再铁的关系都是虚的；主动还钱，则是一种素养，不让帮助你的人陷入尴尬的境地。会谈钱的人，朋友才能做得下去，否则，再好的感情也会死于不会谈钱。

再好的感情，也会死于不会说话。

母亲前段时间和一个老同学闹掰了，起因是一通电话。

对方张口就让她到哪哪去帮她办个事，语气理所当然，态度颐指气使，让本来准备帮忙的母亲一听便有点不高兴。后来虽然帮了这个忙，两人却还是闹得不欢而散。一段几十年的感情就这么死在了“不会说话”上。

不会说话的人有多可怕?

你开开心心地穿上了新衣服，TA 来一句：“这衣服多少钱买的?不值这个价啊。”

你如痴如醉地追着电视剧，TA 来一句：“你怎么喜欢看这种片子，幼稚还浪费时间。”

你兴高采烈地吃着大餐，TA 来一句："这个月称体重没？是不是又长了几斤？"

不会说话的人总是打着心直口快的名号破坏你的心情，打击你的积极性。就像是晴天里突如其来的一场雨，让你猝不及防地被淋个透心凉，你还不好抱怨。

良言一句三冬暖，恶语伤人六月寒。一段能够维持的感情里，需要两个会说话的人。会说话，并非仅仅指的是会说甜言蜜语，而是能够读懂气氛，会照顾对方的感受。这样两个人相处起来才是舒服自在的。不会说话的人，感情破裂只是时间问题。

再好的感情，也会死于不会控制情绪。

一个人的生活是什么模样，很多时候并不是看他遇到了什么，而是看他用什么样的态度去面对。于是情绪的重要性就显露了出来，当一个人学会了控制情绪，就相当于学会了控制自己的人生。

有的人就是不会控制自己的脾气，一点小事就容易牵动情绪，骂骂咧咧，暴跳如雷；还有人就是不会改变自己的悲观心态，晴天抱怨太阳晒，雨天抱怨地上湿，内心总是充满牢骚。

不会控制情绪的人，就像一个负能量的传播机器，不仅把自己的生活过得一团糟，还源源不断地把坏情绪传递给你。和这样的人待在一起，时间久了，你会惊讶地发现自己也变得越来越暴躁、越来越消极。负能量接收得多了，你会渐渐地觉得喘不过气，想要远离。

人因为天性，总是愿意靠近那些能带给自己正面影响的人，远离那些会给自己带来负能量的人。所以有趣又快乐的人天生受欢迎，现实如此。

成熟的人控制情绪，无论何时都显得亲切而可靠，浅薄的人放任情绪，任由它伤己还伤人。如果感情里一方总是情绪波动很大、负能量爆棚，这样的感情想必也是阴云密布、岌岌可危的。

生命中有多少人从曾经的亲密无间，变成后来的“点赞之交”？

有的人，离去了值得怀念；有的人，远离了值得庆幸。

人生无常，能确定的东西不多，但是记得交一些值得结交的朋友，做一个值得交往的人。

太心软的人，最让人心疼

有人说，心软是一种善良。其实，心软是对别人的善良，却是对自己的残忍。

心软的人最可怜，也最让人心疼。

心软的人，不懂得拒绝。

心软的人，就算拒绝别人，也会觉得是自己做错了事。

这样的人总是把别人想得太好，于是傻乎乎地对别人有求必应。这样的人太会照顾别人的感受，常常会为了取悦他人而忽略自己。

心软的人并不是天生就比别人能干，更不是生来就比旁人勤快，只是因为不懂得拒绝，舍不得坏了他人的心情，所以宁可自己多做点、多辛苦点。

一个人活着的担子就已经够重了，还总是要为别人分担，未免太累。而这种予取予求的善意，总是渐渐地让别人习以为常，进而不当回事，最终让自己也失去了应得的尊敬和感激。

心软的人，不太会责备。

心软的人，责备自己永远比责怪别人的时候多。

对心软的人来说，宽容就像是一种习惯，总是很容易原谅别人的错误。你告诉自己不要对别人太严苛，不要太在乎别人的过错，相信对方总会改正的。

即使自己的感情受到了伤害，也常常会选择一个人默默承受；即使自己是占理的那一方，也很少会说出刻薄、难听的话来。

因为习惯把自己放得太低，把对方看得太好，这种性格往往助长了身边人的任性，让人觉得你好欺负。心软的人，受到的欺骗和伤害也更多。

心软，却被当作傻子。

你一次次的让步，换来的不是别人的理解，而是得寸进尺。别跟那些太不把自己当外人的人在一起，平时不找你，一有需求立刻私聊你。更有甚者，找你完全是为了满足自己社交圈的需要。介绍自己的一堆朋友过来，请你帮忙指教，然而你哪有那么多的闲暇功夫一个个接待？每个人都很忙，你每利用一次人情，便消磨一次别人对你的好感。

找你借钱的人，借钱的时候信誓旦旦："兄弟，我们是什么关系，还担心到时候会欠你的钱吗？”等到还钱的时候，他却躲躲闪闪，完全不记得你们曾经还有过关系。

你把信任你的我当作傻子，那么以后你也不要再来找我。我是心软，但并不想把这颗柔软的心给你。

心软的人，活得太累。

心软的人，其实都是太重感情的人。正是因为心思太过敏感，所以总是很累。太在意别人、相信别人，到头来受伤的却是自己。

心软的人，其实都是太过善良的人。正是因为对别人太过善良，对自己太过狠心，所以总是活得很苦。比一般人承受了更多，却更容易被身边的人辜负。

心疼那些心软的人，因为她们最善良。

珍惜那些在你面前总是心软的人，因为她们真的很爱你。

人生在世，要学着让自己的心硬一点。

做人高冷一点、无情一点并没有错，能保护好自己，这样的善良才有意义。

我们，谈爱已老，谈死太早

中年，是一个尴尬的年龄段，没有年少时期的爱情冲动，却也还没有和枕边人白头偕老。

两口子在一起，说的最多的不是“我爱你”，有的只是生活中的柴米油盐；也不再去纠结最爱的人到底是谁；每天关心的只是工资够不够还贷，理财有没有更高的收益，孩子上学问题有没有好好解决；提不起当初的激情，只剩下平淡生活中的一地鸡毛。

都说婚姻是爱情的坟墓，其实婚姻更多的是亲情的纽带。没有什么肉麻的甜言蜜语，有的只是互相关心的日常话语；没有什么浪漫的玫瑰和红酒，有的只是一日三餐、粗茶淡饭。心里越来越渴望找一个彼此契合的人互相陪伴，度过余生，爱不爱已经不是最重要的考量了。

我们，谈爱已老，谈死太早。

人到中年，过着“无性婚姻”。

中国人民大学性学专家潘绥铭曾表示，经调查中国有21%的女性正在承受“无性婚姻”。

马薇薇曾经在《奇葩说》里说，大多数夫妻结婚十年以后就没有性生活了。

“无性婚姻”已经成为一种默认的常态，从当初刚结婚时的激情到渐渐地失去激情，人人都在经历这个过程，尤其是中年夫妻，现在基本上已经过上了“清心寡欲”的生活。

现在的中年夫妻，多少都过着“无性婚姻”，没有身体的交流，只有寡淡的日复一日的生活。没有就没有吧，那你至少需要给我陪伴。但这样的想法，可能会滋生出一种行为——出轨。

想到蔡琴和杨德昌结婚十年，过了十年的“无性婚姻”，我就不由得叹息：蔡琴当初得多爱这个男人啊。

杨德昌跟她说他坚持柏拉图式的爱情，而她真的相信了，痛苦了十年。

最后离婚的时候，她才知道，原来杨德昌早已出轨。所谓的柏拉图式的爱情只是骗她而已。

我们，即使看清了生活的本质，也只能继续将就。

结婚之前我们都信奉着不将就，一定要找个相爱的人过完这一生。结婚以后才发现，生活的波折早已磨平了我们的棱角，遇不到理想的婚姻，只能选择继续将就。

现在有多少人都是在将就着过日子，心里揣着明白装糊涂，睁一只眼闭一只眼，心想：只要两个人还能好好地过日子，何必在乎那么多呢？

佟丽娅面对陈思诚的出轨，选择了不离婚。能真正一刀两断，说离就离的人有几个？在一起生活越久的夫妻，越难离婚，因为彼此都已经习惯了对方的存在，如果还能继续过，就会选择将就。

我们常说婚姻需要忠诚，但现实生活中直接因为出轨而离婚的人，少之又少。

那些在网络上喊着离婚的人，要么是没结过婚，要么是结婚不久的人。当你结婚十年后，早已把这一切都看淡了。离婚哪有那么容易，大多数人不都是在将就吗？

何况生活中还有比出轨更让人沮丧的事情，比如重病。

电影《我不是药神》呈现出来的那种辛酸和无奈太现实了。面对昂贵的药费，谁都病不起，可是谁家能保证没有病人？

当你们家出现一个病患的时候，就需要巨额的治疗费，全家都围绕着“治病”担忧，这时候谁有心思去管那些情情爱爱，去管谁出不出轨？一家人能够平平安安，已经是最大的心愿。

年纪越大就越明白，这世上没有完美的婚姻，更没有完美的人。婚姻是一种生活，而不是爱情。比起爱情，半生都已经过去了，老了有个伴，就已经足够了。

人到中年，孩子成了家庭最重要的轴心。

婚姻之所以难舍难分，拖泥带水，一个重要的原因就是孩子。

男人最在乎的人也许是老婆，但女人最在乎的人一定是自己的孩子。孩子是她的心头肉，是她一生的牵挂。从出生的那一刻起，孩子就成为了家庭中最重要的轴心，所有的一切都和他有着千丝万缕的联系。

一个和谐的家庭，不一定会有幸福的孩子；但一个不和谐的家庭，一定不会有幸福的孩子。

很多读者曾经留言说：我早就想离婚了，现在一直在坚持，就是为了孩子。

高考后的那一天也被人戏谑地称为“离婚日”，暗指那些为了不影响孩子高考而决定高考后再离婚的夫妻，或者早已签了离婚协议，只是在孩子面前假装什么也没发生过的夫妻。

电影《谁的青春不迷茫》中，女主林天骄是一个学霸，爸妈也一直在努力地培养她，希望她高考考上名牌大学。直到有一天她不小心翻到了柜子里的离婚证。原来爸妈早就已经离婚了，只是等着她高考，等她高考完，他们的关系就结束了。

这个细节特别的贴近现实生活，只要一句“为了孩子”，他们可以做出很多所谓的牺牲。

孩子还小的，便想着等他长大了再说，心想孩子不能是单亲家庭啊！

孩子长大了的，便想着等他结婚了再说，心想万一对方嫌弃他是单亲家庭怎么办？

孩子结婚了的，便想着人这一生都过了一大半了，还离什么婚呢？帮孩子带带孙子吧。

很多女人其实心里最放不下的就是孩子，什么苦她都能吃，但她不舍得让孩子吃一点苦。自己的幸福或许没那么重要，孩子的幸福才是第一位的。

我可以日子过得紧巴巴的，不那么体面，但我的孩子不行。

人到中年，越来越向往简单的生活。

想要有一个小小的庭院，种上一些花花草草，种上一些蔬菜，过上“归园田居”式的生活，不用奔波，无忧无虑，静静地看云卷云舒，赏花开花落。一生平安顺遂，慢慢在平淡里变老，这是多少人都有的心愿。

陶渊明说“采菊东篱下，悠然见南山”，而我们希望老了的时候，也能够找到这样一个怡然自得的地方颐享天年，过上简简单单的生活。

再也不用去管那些烦心事了，内心平静，没有外界的纷纷扰扰；也不需去面对那些复杂的人，处理那些复杂的关系，仿佛回到了生命刚开始的时候，返璞归真。

偶尔可以出去旅游，看看外面的世界。之前就有八百多位内蒙古的老人一起组团乘坐“呼伦贝尔”号列车去韶山、桂林、香港等地，他们说在林区生活了大半辈子，还没有去过南方，就想去那边看一看。

八十九岁的江滨奶奶卖房一个人走遍十几个国家，法国、瑞士、南非……她不但在这些平地上留下了足迹，还去爬过几千米的雪山。

人到中年，就总感觉生命太短，越来越迫切地想要珍惜眼前。

高晓松说“生活不止是眼前的苟且，还有诗和远方”，但在中年人的生活中，柴米油盐才是当下，诗和远方距离我们太远，似乎唯有等我们老去，才能真正地去寻找诗和远方。

中年人，是最孤独的一群人。他们羡慕校园里的青涩笑脸，也羡慕黄昏下漫步的老人，唯独只有自己，还在现实中承受着煎熬。

岁月催人老，中年人已经过了浪漫的年纪，愿未来迎接我们的是最温柔的暮年。我们，既不谈情，也不说爱，只说说眼前的苟且，再向往一下未来的诗和远方。

我们，谈爱已老，谈死太早，依然苟且。

女人可以穷，但一定不能……

女人，可以没钱，可以脆弱，可以平凡，但一定要记得这三点。

女人，可以穷，但一定不能糙。

女人，可以没有很多钱，但一定要活得精致。

一个人的生活质量并不只是由物质水平决定的，更多地受一个人生活态度的影响。一个活得“脏乱差”的人，没钱只是借口，懒惰和不讲究才是根本原因。

精致不必是珠光宝气，而是对生活细节的打理，对大小事务的用心。一张收拾得整整齐齐的桌子，或是一头常年干净清爽的长发，显示出的是一个女人对细节的追求，对生活的讲究。

岁月不饶人，首先就不饶女人。

时间的流逝谁也拦不住，活得精致的女人，才能最大限度地享受生活，才能逆着年龄更显年轻。

女人，可以脆弱，但一定不能软弱。

女人，可以敏感脆弱，但一定要有内在的勇气。

女人天性中就更加感性一些，容易心软，容易落泪，容易把感情看得太重。这样的人，天生更容易受到伤害。女人脆弱可以，但一定不能软弱。

脆弱，并不代表着软弱。就像眼泪，要流的时候忍也忍不住，但是哭完了，还能自己擦干泪再笑着面对以后；就像有些坑，总要跌几次，绊倒了，然后自己爬起来再继续往下走。

生活中总有大风大浪，谁也躲不过去。坚强的女人自己就是自己的靠山，世事再怎么变化也不怕。

女人，可以平凡，但一定不能无趣。

世上伟人太少，凡人太多。我们都是茫茫人海中平凡的一个，不太好也不太坏。

但做人，平凡可以，却不可以无趣。

有趣是一种稀缺的能力，能够让自己开心，也能为生活带去欢声笑语。一辈子同样是数十年，无趣的女人是在“熬”日子，而有趣的女人则可以把日子过成“诗”。

有趣的女人，会玩乐、懂情趣、有好奇心。这样的女人，会是朋友中的开心果，家庭里幸福的源泉。

做一个有趣的女人，会发现生活也会变得有意思得多。

女人，没钱可以，别糙；脆弱可以，别软弱；平凡可以，别无趣。

人生那么长，有意义的事情那么多，别限制了自己，活得精致一点、勇敢一点、有趣一点，才不辜负大好年华。

这三种人，才是真的爱你

人心是如此的纷繁复杂，人情是如此的难以捉摸。一生中，我们会遇到各式各样的人，经历各种各样的事，听到各种各样的誓言和甜言蜜语。

而要判断一个人是不是爱你，其实很简单。

生命中的这三种人，就是真的爱你。

让你的人，才是真的爱你。

在你生气的时候，在你使小性子的时候，在你不讲道理的时候，在你们吵架的时候，他不会一味地顶撞你、说服你、压制你，而是退让一步，照料你的心情，考虑你的感受。

懂得让你，说明你在他的心里比面子、输赢和对错都重要，你就是他最珍惜爱护的人。

护你的人，才是真的爱你。

在你受了委屈的时候，在你遇到困难的时候，不论谁对谁错，他都会毫不犹豫地挡在你的前面，为你出头。

勇敢护你的人，看不得你受苦，看不得你委屈，就算自己并不强大，也要将你护在身后，为你遮风挡雨。

宠你的人，才是真的爱你。

特地为你捎带你爱吃的零食，精心为你挑选你爱的小玩意儿，关心你的身体，照料你的心情，恨不能把你捧到掌心里，把这世界上的好东西都摆在你面前。

宠你的人，即使自己不宽裕，也不让你拮据；即使自己有苦楚，也不让你难过。你一瘪嘴他就心疼，你一撒娇他就没辙。

你就是他的至宝，他爱你胜过自己。

判断一个人爱不爱你，其实很简单，就看他会不会让着你，会不会护着你，会不会宠着你。

做到这三点的人，才算是真的爱你。

不要在手机里爱上一个人

木心说："从前日色变得慢，车、马、邮件，都慢，一生只够爱一个人。"

而现在，现代人却显得着急多了。聊了几天微信，道了几天晚安，就能萌生爱意。

听到过这样一句令人心惊的话："每次看到他偷偷对着手机笑，我都怀疑他出轨了。"

不知从何时起，手机变成了感情里的一颗定时炸弹。在这个社交网络发达、生活节奏加快的时代，人和人的感情也被按下了快进键。

单身的人，手机里聊几天就能聊出感情；有伴的人，手机里聊几天就能聊出新感情。

都说熟悉的地方没有风景，熟悉的生活自然也点不燃激情，于是很多人开始沉醉于在手机里找人谈天说地，隔着屏幕诉说诗和远方。

等到再回头看现实生活中的柴米油盐，只会愈发觉得索然无味，想要逃离。现实的一地鸡毛，如何能比得上想象中的空中花园？

很多感情的破裂，无非都是如此。只是很多人都忘了，想象中的空中花园固然美丽，但脚下的一地鸡毛才是真实的人生。

在手机里爱上一个人是什么样的感觉？

当你觉得身边的人大多冷漠，很难有人能与你投缘，忽然遇到那么一个人，随便就能和你聊上一两个小时，你的倾诉 TA 都愿意接纳，你的话题 TA 都能跟上，你会突然觉得这或许就是你一直在寻找的那个人。

当你觉得工作压弯了你的背，家庭挤扁了你的心，忽然遇到那么一个人，TA 幽默风趣，TA 温柔细腻，TA 的身上没有那么多生活的烟火气息，你惊讶地发现和 TA 在一起比任何时候都要舒心。

当你觉得日复一日的生活早就过腻了，活烦了，忽然遇到那么一个人，TA 是新鲜的，不熟悉的，就像人生中期待已久的变化和惊喜，你情不自禁地认定以前的日子或许都过错了。

习惯对着手机傻笑，喜欢一遍遍翻看聊天记录；习惯等待对方的信息，喜欢发过一句晚安再入睡，喜欢和对方相处胜过身边所有的人。这就是在手机里爱上一个人。几句话就能让你感动，聊几天就有了感情，轻而易举地产生感觉，隔着屏幕萌生爱意。

一切看起来如此甜蜜，然而除了一份容量巨大的聊天记录，其他的一切又是如此的虚无缥缈。在分不清真假的阶段，很多人就已经付出了一颗真心。

他会叮嘱你多喝热水；他会让你多多休息；他会跟你道晚安；他会说我爱你。

但你永远不知道，屏幕对面的人究竟是什么表情，有着什么样的生活状态。

也许他在叮嘱你时，表情很是不耐烦；也许他在让你休息时，身边正陪着其他人；也许他在跟你道晚安时，转头就和别人聊了个通宵；也许他在说我爱你时，已经和几个人说过了一样的话。

隔着屏幕，你看到的，永远都是对方想让你看到的。所有负面的、阴暗的、不适的，都可以简单地被隐藏起来，所有正面的、美好的、温馨的，都可以不动声色地被放大。

几句话就可以造出温柔的幻影，不费力就可以演出爱你的假象，其实一切只不过是你的想象。

手机里那些没有柴米油盐干扰的感情看上去的确美好，但日子终究是要回到现实中去的。

千万别在手机里爱上一个人，谈一场幻想中的恋爱。爱一个臆想中的人，伤的是自己，冷落的是身边真正关心你的人。

手机里再多柔声软语的红颜与蓝颜，都不及身边一个陪你过日子的人。毕竟，那才是真实的陪伴，知根知底的相守，经得起时间的检验。

手机里再多的安慰和甜言蜜语，也不及身边人的一个拥抱，伸出的一只援手。毕竟，真遇到了什么事，手机里的人又能照顾到你几分？真正支撑你的，永远是现实中的身边人。

尽管如今社交网络无比发达，有很多事情依然不应该让手机代劳，比如爱，比如交流和相处。

隔着屏幕，再美好的东西也是镜花水月。生命有限，去爱惜一个在现实中对你好的人吧，多一些耐心，多一些沟通，这才是真正的幸福之道。

沉默，是一个女人对男人最大的死心！

有人说，真正要走的人，关门声最轻。感情里，最怕的不是女人生气打闹，而是她突然对你没了话。

她不对你哭也不跟你闹，变得沉默寡言，表面上看起来平静如水，其实心里已经翻江倒海，只等着压倒她的最后一根稻草落下，然后永远地离开你。

不怕女人唠唠叨叨，就怕她不闻不问。

女人唠叨你的程度，其实就是她爱你的程度。

越是爱你的女人，越是把你的每一件事都牢牢记在心里挂念着，把能做的都为你做好，做不了的只有一遍遍地叮嘱你、唠叨你。

可很多男人不理解，不是冷着脸吼她“烦不烦”，就是常常一听她开口就立马躲出去。最后很多女人都寒了心，开始变得对你不闻不问，不再询问你早上有没有按时吃饭、出门有没有穿够衣服、应酬有没有喝醉。家里是清静了，但同时也没了热闹和生气，更没了人关心你、在乎你。

幸福的婚姻里，都有一个唠唠叨叨的女人，一边数落你回去得晚，一边张罗着为你热饭；而那些即将破裂的家庭里，女人都是冷漠安静的，哪怕你半夜才回家，她也一个字都不说你，更不会等你。

不怕女人生气吵架，就怕她不声不响。

两个人在一起久了难免会产生一些矛盾。女人是相对比较感性的，有时候可能会因为一些小事生气争吵，但这些都没关系。可怕的是一个女人哪怕心里再不高兴，也不想跟你吵了，甚至连气都懒得跟你生了。

一个女人愿意和你吵，证明她还对你抱有希望，希望得到你的回应。所以很多夫妻吵得摔盘子砸碗，但吵完也就过去了，俩人照样高高兴兴地一起过日子。

那些不管你做得多过分，她都像没看见一样，不吵不闹的女人，你以为她是没生气，其实说不定她已经把离婚协议书都准备好了。

生气、吵架都是感情的沟通，当女人都不愿意和你吵架了，说明她已经对你关上了心里的门，彻彻底底地对你死了心。她看你的眼神不再有爱意，说出来的话也不再有情绪，你再怎么想挽留都于事无补。

沉默，是女人最后的尊严。

如果可以，每个女人都希望和爱的人每天有说不完的话，希望告诉你她的一切，为你做你最爱吃的饭菜，想撒娇耍性子让你来哄。

可惜不是所有的男人都能明白和珍惜她的好，他们有的总是一次次地去伤她的心，一遍遍地浇灭她心里爱的火苗。

最后，女人唯一能做的就是沉默。她不再大大咧咧、笑颜如花，也不再唠唠叨叨多管你的任何事情，更不会和你生气，对你抱有任何幻想。

沉默，是她最后的一点尊严，不愿意再为你付出所有还要被你嫌弃。她已经对你绝望，只想以后和你不再有任何交集。

所以男人啊，对身边的女人多一些疼爱和理解吧！千万别让她变得沉默，否则等她离开了，你就再也找不回了。

真正爱你的人，不会对你小气

不管是电视里的婚恋节目，还是现实生活中的真实场景，总能看到和听到这样的故事：一个男人对女人口口声声地说我很爱你，但实际上，不管是在物质层面上还是精神层面上，都对女人很小气。这样的反转套路，总是被明眼人一眼看穿。其实，真正爱你的人，不管是在花钱还是在平日相处的态度上，都不会对你小气。

真正爱你的人，舍得为你花钱。

虽然爱情牵涉物质总是让人多少有点不适，但是以结婚为目的的爱情，离开物质还真的不行。真正爱你的人，会真心想要跟你生活在一起，所以可以坦然地把自己的所有家当都交给你。说到底，真正爱你的人，舍得为你花钱，愿意把最好的给你。

如果一个人在给你花钱上很小气，舍不得为你花钱，那也别指望 TA 会多爱你。无关乎钱的多少，重要的是花钱背后的心意。舍不得为你花钱的人，往往只是认为钱比你更重要。如果有机会得到更多的钱，那抛弃你就是迟早的事情了。过来人都明白，只谈理想不谈现实的爱，都是阳光下的泡沫，颜色绚丽却脆弱易碎。

每次网络购物节，为你结算购物车里面物品的人，相比帅气的买单，更让人心动的是这份细心和默默的爱。无论以何种形式，舍得为你花钱的人，总能尽可能地想你所想，细心地关注你，了解你的喜好，满足你没说出口的需求和愿望。

真正爱你的人，对你器量不会太小。

再恩爱的夫妻，在一起久了，每天面对着家长里短，难免会发生一些小摩擦。彼此生气时，最怕没有人肯主动开口和解。如果双方都对对方很小气，放不下自己的身段去和解，只能说明一个问题，那就是彼此都不再爱了。真正爱你的人，即使跟你生气，也做不到如此冷酷，与你相处时的器量，往往也不会太小。

真正爱你的人，对你总是容易心软。即使你偶尔伤了 TA 的心，TA 也不会就此冷落你，或者死板地不原谅你。相反，如若你的爱人对你的器量很小，不管是态度上还是行为上，对你都很小气，那说明 TA 不够包容你。爱，在很大程度上，其实也是包容。

轻易就与你决裂的人，即使你再怎么解释和道歉，也得不到 TA 的谅解。懂你的人，不用你多说什么；不懂你的人，你说再多也没用。对你器量太小的人，绝对不是真的爱你。

真正爱你的人，愿意把最好的给你。

如果一个人愿意把最好的给你，说明 TA 是真的爱你。而大多时候，自私几乎是人与生俱来的天性，有什么好的东西，很少有人会愿意让给你、留给你。在真爱面前，所有的狭隘与自私都会消失不见。

一个真心的男人，在心爱的女人面前和在其他女性朋友面前的表现是截然不同的。对待自己心爱的女人时，一言一行都只想赢取爱人的芳心，让爱人开心；倘若换成其他女人，就不是如此了。每个人其实都不止一面，是否肯拿自己最好的一面来对待你，其实也能体现他给你的爱的深浅。

选择对谁好，选择对谁小气对谁不小气，全都取决于你在 TA 心里的分量。真正爱你的人，即使本身就是小气之人，但是为了你，TA 也愿意豁出去给你最好的自己。这足以表明你在 TA 心中的地位和分量。抽象的爱情，也终于有了可以衡量的标准。

真正爱你的人，不会对你小气。爱情总是现实得要命，舍不得为你花钱、对你器量太小的人，都是永远只爱自己的人。再小气的人，如果愿意对你不再小气，那几乎可以肯定 TA 是真心爱你。

一段感情走到尽头的三大征兆

据说，我们一生会遇到 8263563 人，会打招呼的是 39778 人，会和 3619 人熟悉，会和 275 人亲近，但这些人最终都会失散在人海。

直到后来我们才会明白，其实人生从未有过永远，只有失散。

等你某日闲来无事，漫不经心地打开手机通讯录，或许会惊讶地发现：

很多人只在记忆中留下了名字，模样已经模糊了；

很多人上一条聊天记录已经是一年甚至更久之前；

很多人曾经那么亲密要好，如今交流只剩干瘪的节日祝贺。

甚至有的身边最近的亲人、爱人，打电话聊天的次数也少得可怜，例行公事一般没有了曾经的热情。

武林外传里有一句经典台词：“感觉是一时的，感情是一世的。”这句话说得分外美好，然而现实却更残酷一些。

感情也未必是一世的，它会褪色，会淡化，会一步步走到尽头。

人生在世，有时就是走着走着猛然一回头，才惊觉感情已经淡了，人已经散了。虽有不舍，却只能怀念。

其实，所有的离开都有理由，所有的分散都有预兆。一段感情走到尽头，有三大征兆。

沉默，是一段感情走到尽头的征兆。

刘震云在小说《一句顶一万句》里写下过这样一段话：

> 一个人的孤独不是孤独，一个人找另一个人，一句话找另一句话，才是真正的孤独。话，一旦成为了人与人唯一沟通的东西，寻找和孤独便伴随一生。

人世间所谓的相知、相守，无非是一句话找另一句话，就这么简单。当两个人说得上话了，一段感情才算起了个头；当两个人总是有话可说，一段感情才走得下去。而沉默，是所有感情的警铃。

所有的疏远都是这样开始的：一个不问，一个不说；或是一个问得尴尬，一个答得敷衍。

我见过很多这样的夫妻，哪怕是并排走在热闹的街道上，彼此之间的气氛也是凝滞的。无话可说的两个人，中间仿佛隔着一片沉默的海洋。即便是生活在一个屋檐下，躺在一张床上，也不难想象同样的情况。

世界上没有那么多知音，不说便没人懂得，不沟通关系便无法延续。当两个人在一起连倾诉的欲望和倾听的耐心都没有了，这样的感情，不是死了，就是在奔向死亡的路上。

不退让，是一段感情走到尽头的征兆。

很多感情的终结，都是因为一个不退，一个不让。在乎输赢，最后却输了彼此。

世界上没有两片相同的树叶，同样，也没有两个天生合适的人。于是，当我们聚到一起，彼此的棱角势必会碰到对方，因此再好的朋友也会吵架，再好的夫妻也会争执。

矛盾天然就存在，只有能够互相包容和迁就的感情，才能使两人有喘息的空间。

你身边一定有不少这样的人：

为一道菜该放多少油之类的小事也可以争得面红耳赤；

当着外人的面也会毫不顾忌地训斥对方；

无论大事小事都爱抱怨唠叨，尽捡难听的话说；

凡事总要争出个谁对谁错，无论耗费多大代价。

没有退让的感情，本质上就是没有了珍惜和迁就。感情里本没有那么多输赢对错，不惜伤害对方也要追求这些，无非是感情冷了罢了。

当两个人之间只剩下彼此伤害时，感情就变成了一座牢笼，迟早会有人要挣脱出去。

失望，是一段感情走到尽头的征兆。

对于感情而言，平淡不可怕，可怕的是失去期待。

失望，是所有感情的丧钟。

身边有很多这样的女人，她们的生活中没有所谓的“情人节”“520”或是各种纪念日，遇到工作或是家庭中的大小麻烦也总是习惯自己顶住。明明是已婚，却活得比单身时还独立，用她们的话说就是——“失望惯了，指望他不如靠自己”。

这种连期待都不存在的感情，称之为名存实亡也并不为过。

所有的感情，都应该是包含着期盼的：

逢年过节的时候，你期盼着对方会记得，会准备礼物，至少有个问候；

遇到麻烦的时候，你期盼着对方会惦记，会出现在你身边帮助你、支持你；

孤独寂寞的时候，你期盼着对方会懂得，会陪伴在你左右或是和你说说话。

如若不然，这样的感情又有什么继续下去的必要?

一个人的失望是会累积的，多了就变成了绝望。当一个人对另一个人再没有了要求和期望，那就说明她已经失望透顶，彻底死心了。

一辈子遇到的人很多，能建立起感情的人其实很少，每一个都弥足珍贵。

那些走散在回忆里的人，总是会勾起你无限的怀恋，而那些还在身边的人，更应该牢牢抓紧，不留遗憾。

如果你们的分散已有预兆，也许还可以挽回，走到这一步不容易，试着去做些改变，不要轻易放弃。

如果你们的分散已成定局，放手并非坏事，时间会为你留下对的人。

余生，各自安好，就好。

两个人合不合适，就看这三点

好的婚姻，不一定是要有很多爱和很多钱，而是两个人在一起能说很多话、吃很多饭、去很多地方玩。

两个人合不合适，要看能不能聊到一块。

哲学家尼采曾说：“婚姻生活犹如长期对话，当你要迈进婚姻生活时，一定要先反问自己，是否能和这个人白头偕老时，仍能谈笑风生？”

能够聊到一块的两个人，一定最懂彼此。你半夜想到一些事情想与他说，他回复你的不是好困，明天再说，而是起身和你一起讨论；你把工作中受的委屈向他倾诉，他会停下手中的工作安慰你，而不是说你无病呻吟；你偶尔和他开个玩笑，他却看穿不说穿，感兴趣地回应着你，而不是说你幼稚无聊。

所谓“话不投机半句多”，遇到一个聊得来的人，不论什么话题都能说到一处去，话一出口，一拍即合。

两个人合不合适，要看能不能吃到一块。

俗话说：“民以食为天。”人要生存，便离不开一日三餐。两个人合不合适，最基本的就是要看能不能吃到一块。

吃饭是一门学问，一个人的人品如何，在饭桌上都会反映出来。选择吃饭的地点时，他会尊重你的选择，你也会怀着试一试的心理去他推荐的餐厅；点菜的时候，他让你先点自己喜欢的，你也能做到积极采纳他的意见；吃饭的时候，他会为你倒水，提醒你别噎着，你也会给他夹菜，让他多吃点。

没有天生口味相同的两个人，只有彼此包容的两颗心。两个人在一起能开心地吃饭，就很大程度上说明，两个人在很多方面是能够相处融洽的。

两个人合不合适，要看能不能玩到一块。

钱钟书老先生曾说：“旅行是最劳顿、最麻烦，叫人本相必现的时候，结婚前一定要先去旅行一趟。”两个人是不是合适，还要看能不能玩到一块。

能够玩到一块的人，最懂得互相体谅。外出旅游，他停下脚步帮你拍照片，你发朋友圈时会连带他的照片一起；你喜欢偶像剧，他不会说你看些没营养的东西，而是会坐下来陪你一起看；

出门逛街，他帮你拎着一堆东西，你也总会记得给他买几样合适的东西。

婚姻里没有不合适的两个人，只有不想在一起的两颗心。

只有彼此懂得珍惜，学会包容，互相体谅，这份感情才会合适。我们穷尽一生想要寻找的，也不过是一个能一起吃饭、一起聊天、一起玩的人。

真正爱你的人，绝不会对你说这些话！

在感情中，女人是听觉动物，耳根子软，甜言蜜语、海誓山盟总能让女人如痴如醉。但是，聪明的女人知道，有些话，爱你的人是绝对不会对你说的。

爱你的人，绝对不会对你说敷衍的话。

爱是在乎、是重视，真正爱你的人，不会对你说敷衍的话。

他不会在你的电话打来时，不耐烦地甩一句“我正忙着呢”，因为怕你着急；他不会在你试衣服求建议时，头也不抬地来一句“好看”，因为不愿你扫兴；他更不会在你赌气时，无所谓地来一句“随你便吧”，因为知道心凉了情也就冷了。

一个真正爱你的人，绝不会说敷衍的话来败坏你的心情，也不会用敷衍的话来打破你的期待。

爱你的人，绝对不会对你说责骂的话。

爱是宽容、是心疼，真正爱你的人，不会对你说责骂的话。

他不会在你身材发福走形的时候，嘲笑你变胖变丑；不会在你失败被骗的时候，骂你蠢笨无知；更不会在自己遭遇不顺的时候，怪你克他妨他。

一个真正爱你的人，一定会懂得欣赏你的美丽、肯定你的能力、感谢你的付出，而不会用言语的刀子伤你。

爱你的人，绝对不会对你说粗俗的话。

爱是尊重、是平等，真正爱你的人，不会对你说粗俗的话。

一个再盛气凌人的男人，在自己心爱的女人面前也会体贴温柔。他不会对你呼来喝去，把你当保姆使唤；也不会在你面前自以为是，把你当傻子对待。

一个真正爱你的人，懂得男人在感情中的地位不是比凶斗狠得来的，粗俗的话语只会玷污纯洁的感情。

爱你的人，绝对不会对你说欺骗的话。

爱是坦诚、是真实，真正爱你的人，不会对你说欺骗的话。

他不会弄虚作假，抬高自己的身份地位来赢得你的倾慕；也不会总以“加班”“开会”为借口出去应酬晚归；更不会总说唯你是爱，却又处处留情。

真正爱你的人，会将最真实、最真诚的自己展现在你面前，赢得你相同的回应。

言语即心声。

愿你能侧耳倾听，发现真正爱你的人，与之相伴一生。

男人千万不要让爱你的女人沉默

生活中，男人常常会嫌女人啰嗦，废话连篇，殊不知，这是女人在乎和爱你的表现。女人可以说、可以笑、可以哭、可以闹，但是就是不可以沉默。

如果有一天她不再唠叨你了，开始沉默了，不说话了，那也就代表她累了，心伤了，爱也渐行渐远了。

倾诉和交流是女人本性。

传闻上帝在造人时，赋予了男女不同的思维方式和表达习惯。所以男人理性，喜欢清静和私人空间；而女人感性，天生爱倾诉和交流。

她买了漂亮衣服，要兴冲冲地穿去给你看看；她今天拿了工资，要第一时间打电话跟你说；她在公司受了气，要找你倾诉委屈寻求安慰。

女人在喜欢的人面前，无论是开心的还是难过的，任何事都想与他分享。女人喜欢向自己的爱人倾诉，渴望与他交流，她一遍遍地唠叨诉说，背后隐藏的不过是一颗渴望被接纳的心。

其实有时候她并不需要你给她解决什么实质性的问题，她需要的不过是你聆听的态度，让她知道你的心里有她。

爱你，才会与你吵和闹。

男人经常会觉得女人吵，女人啰嗦，女人话多。也许在恋爱的初期他会耐着性子倾听应付，到后来，索性直接以沉默应对。问及原因，不少男人都会说吵架太累，懒得跟她吵，跟她说不清楚。

其实，女人并没有男人想得那么难缠和无理取闹，吵架也没有那么可怕。女人爱你，才会和你吵，跟你闹。

这时候，男人只需多一点耐心向她解释，说一些暖心的话，给她一个拥抱，也就大事化小小事化了了。

沉默，是女人最大的委屈。

感情总会有起伏，有甜蜜也有争吵。不怕女人哭得稀里哗啦，这是她的真情流露；也不怕她闹得天翻地覆，这是她的变相撒娇。怕的是平时没心没肺嘻嘻哈哈的人突然沉默不语，不再对你指手画脚，也不再在乎你的不闻不问。这说明她一定是伤透了心，对你完全失去了信心，甚至不再对这段感情抱有任何的希望。

沉默才是女人最大的委屈。再炙热的心，也会在一次次的伤害中冷却；再深的感情，也会在一次次的冷漠中磨灭。

女人一般不会轻易沉默，但一旦沉默了，两人之间的感情便很难再挽回。试问一个人的心都死了，这一切还有什么意义呢？

在生活中，每个人都有表达的欲望。一方面，我们需要宣泄感情，表达想法；另一方面，我们选择与自己最亲最爱的人交流沟通，本身也会增进情感。

男女之间，最怕什么？是外人的介入？还是不休的争吵？

都不是，男女之间，最怕沉默。

夫妻之间，即使在同一个屋檐下生活，没有了心与心的交流，咫尺与天涯，又有何区别？

很多的夫妻关系都死在了沉默上，男人的沉默会使女人心寒，从希望到失望再到绝望。女人一旦沉默了，只能说明她心里根本就没有了你。她跟你说话时你不理不睬，她跟你分享时你嫌她麻烦，她受了委屈时你不管不问。那好，我从此闭嘴，以后再也不和你说话。哀莫大于心死，这个时候才想起要挽留，来不及了。

所以，男人千万不要让爱你的女人沉默。

做个好的倾听者和守护者，让她感觉到你爱她、在乎她的心。

从今天起，做个不动声色的女人

春有百花秋有月，夏有凉风冬有雪，若无闲事挂心头，便是人间好时节。

一年四季的风景固然美丽，但只有当你心安时，春天的花，夏天的风，秋天的月，冬天的雪，才会越发好看。美景入不入眼，最终还是取决于你的心境。

生活也是如此，若是想要享受生活、感受幸福，我们需要拥有一颗平静温和的心。所以做一个不动声色的女人吧，不被金钱所扰，不被生活所迫，不为世俗所忧。从此，时光，浓淡相宜，人心，远近相安。

做个温和不急躁的女人。

生活中不可避免的存在着各种矛盾和坎坷，为此我们都曾不顾形象地大哭大闹，也曾愤愤不平地破口大骂。生活让我们尝够了其中的苦涩，也让我们为曾经的任性付出了代价。岁月渐长，慢慢地，我们也学会了琢磨人心，能够控制脾气，懂得掩饰内心。这是生活的智慧，也是我们成长的必修课。

做一个不动声色的女人，在愤怒生气时，能够忍一时的脾气，懂得退一步海阔天空，明白与人方便也是与己方便；在害怕担忧时，能够做最好的准备，预想最坏的结果，坦然无惧地面对未来；在遭遇坎坷时，能够不愠不火、不急不徐，尽自己最大的努力，保持良好的心态，相信总会遇见美丽的风景。

做一个不动声色的女人，不要过于情绪化，要学会在淡泊中明志，在宁静中致远。

做个自然不矫饰的女人。

美丽的女人总是迷人的，但韶华易逝，红颜易老，正如歌中所唱“多少人曾爱慕你年轻时的容颜，可知谁愿承受岁月无情的变迁”。所以我们说：“爱一个人，始于颜值，陷于才华，忠于人品。”真正最重要的不是样貌，而是历经岁月沉淀后的品性，这也是一个女人最动人的所在。

做一个不动声色的女人，不卑微，不自怜，合适的场合有恰当的打扮。自信的女人在人群中也会发光，虽然不是最美丽的女人，但会是最有魅力的女人，能够在悠长岁月中展示自己独特的魅力。

做个低调不张扬的女人。

在人生低谷时，我们能够收敛自己，做到谦虚包容，但当我们取得了一定成就时，却常常容易忘却保持谦和的心态，忘记自己的初心。所以，不论失意还是得意，不管顺境还是逆境，我们需要始终如一、谦逊有礼，在低调中享受不经意的美好。

做一个不动声色的女人，不因富有而奢侈，做到低调而有品味，于细节中细品美好；不在热烈中昂首，独在平淡里慢行，于柔和里展示妩媚；不因成功而自喜，保持独立的品格，于高处欣赏不一样的风景。

做一个不动声色的女人，低调内敛，像一朵娇羞不语的海棠，在静默中展示自己的美，让人心动沉迷。

从今天起，做一个不动声色的女人，在看透世态炎凉，阅尽人世浮华后，仍能于繁杂的尘世中不低眉于权贵，不苟且于世俗，从容淡雅，知性秀丽。

做一个不动声色的女人，在漫长的岁月中闲看花开，静待花落。

最好的感情，人远心不远

人与人之间的感情，分两种。

一种浓得像酒，才入口就上头，醒来却如梦过无痕。这是吃喝玩乐的感情，在一起时玩闹开心，不在眼前便逐渐淡漠。很多时候只是因为身边需要有个人作伴，于是来得也快，去得也快。

一种淡得像茶，初尝是淡的，余味却久久不散。这是推心置腹的感情，即使不在一起了，也会把对方放在心里；即使聚少离多，再见面时的感情也一如往日。这样的感情，一定是因为两个人心灵的相交、性格的契合才产生的。虽然稀少，却最可贵。

人生的旅程走过了大半，才忽然明白，感情里的冷热变换，有时候并不是谁做错了什么，只是感情的“质”不同，结局也就不同。不交心的人注定只会陪你一程，只停留在表面的感情一定走不长久。

经历了许许多多的分分合合，才懂得要习惯一段感情的冷却，要接受一个人的疏远。不需要问那么多为什么，缘分到了就珍惜，缘分尽了也别强求。

那些在一起的时候很好，一分开就很快疏远了的人，就让他走吧，不必迷惑，也不必难过。

据说一个人一辈子会遇到两千九百二十万人，绝大部分人注定与你只是擦肩而过，能够相伴一段路程已经算是莫大的缘分。也许你们曾经的感情只是昙花一现，虽然最终没有成为真正知心的朋友，但至少那时候的陪伴和快乐都是真的。

那些即使不在身边，也能让你感觉到心是在一起的人，可能是爱人、亲人或是朋友。无论是谁，都请好好地把他放在心上，不要遇到了新朋友就冷落了他。

感情里，最重要的是心能在一起。人在一起，心隔千里，时间久了也会形同陌路，又何必守着一个没有心的空壳。但若是心在一起，就总有一天还能相聚，只要静静等待重逢的那一天。

有的人，身体挨得近心却很远；有的人，隔着千山万水的距离心却很近。真正的感情，不会轻易变淡；真正的知己，不会轻易离去。

人生在世，不是所有人都会陪你走到最后。最重要的是明白谁才值得你看重，什么才值得你珍惜。

惦记你的人，请看重，交心的人，请珍惜。